**信息技术应用**新形态系列教材

# 网页设计与制作

## 全能一本通

# HTML5+CSS3+JavaScript

### 微课版

◆ 欧阳荣华 汪艳 主编

◆ 孙小文 王琼 杨艳梅 副主编

人民邮电出版社

北 京

**图书在版编目（CIP）数据**

网页设计与制作全能一本通：HTML5+CSS3+
JavaScript：微课版 / 欧阳荣华，汪艳主编. -- 北京：
人民邮电出版社，2023.11
信息技术应用新形态系列教材
ISBN 978-7-115-62388-1

Ⅰ．①网… Ⅱ．①欧… ②汪… Ⅲ．①网页制作工具
－高等学校－教材 Ⅳ．①TP393.092.2

中国国家版本馆CIP数据核字(2023)第136838号

## 内 容 提 要

本书定位于零基础读者，较为详细地讲述了网页设计与制作的相关方法和技巧。全书理论与案例相
结合，结构清晰，内容讲解循序渐进、由浅入深，并注意各个章节内容与案例之间的呼应和对照。全书
共 10 章，内容包括 HTML5 入门、HTML5 的常用标签、HTML5 中的对象、JavaScript 基础、CSS3 基
础、HTML5 页面加载、JavaScript 高级应用、使用前端框架以及两个综合实训，分别是 HTML5 扫雷游
戏和开发通过二维码传输文件的应用。

本书可作为高等院校计算机、数字媒体技术、网络与新媒体、电子商务等专业相关课程的教材，还
可作为相关行业从业人员的参考书。

◆ 主　　编　欧阳荣华　汪　艳
　　副主编　孙小文　王　琼　杨艳梅
　　责任编辑　孙燕燕
　　责任印制　李　东　胡　南

◆ 人民邮电出版社出版发行　　北京市丰台区成寿寺路 11 号
　　邮编　100164　　电子邮件　315@ptpress.com.cn
　　网址　https://www.ptpress.com.cn
　　三河市君旺印务有限公司印刷

◆ 开本：787×1092　1/16
　　印张：12.25　　　　　　　　　　2023 年 11 月第 1 版
　　字数：364 千字　　　　　　　　2023 年 11 月河北第 1 次印刷

定价：59.80 元

读者服务热线：(010)81055256　印装质量热线：(010)81055316
反盗版热线：(010)81055315
广告经营许可证：京东市监广登字 20170147 号

前 言

PREFACE

　　HTML5是HTML的新版本，也是目前比较流行的应用开发技术之一。HTML5应用可以跨平台运行，它真正实现了一套代码支持不同硬件平台（计算机、手机、电视等）和操作系统（Windows、Linux、macOS、Android、iOS等），并提供一致的用户体验。如今HTML5的应用范围已不局限于网站，在手机应用、微信小程序、微信公众号中都可应用HTML5。

　　HTML5比之前的HTML版本更加简单和直观，使得HTML5的应用开发变得更容易。HTML5应用是轻量级的，因为它可以借助浏览器运行，用少量代码即可实现良好的界面效果和丰富的处理逻辑。借助DOM和事件冒泡机制，HTML5应用可以优雅地展示数据和处理用户输入。

　　HTML5有强大而全面的功能，HTML5、CSS3、JavaScript共同构成了HTML5应用的生态。CSS3用于控制HTML5应用的样式，JavaScript作为一种嵌入式程序设计语言为HTML5应用提供强大的逻辑处理功能。很多HTML5应用包含使用JavaScript定义的复杂的处理逻辑。目前许多院校均有开设HTML5相关的课程，教学需求高。因此，基于当前院校教学大纲及主流的网页设计与制作的技术需要，编者编写了本书。

　　本书的特色如下。

## 1. 定位零基础人群，强化一站式教学

　　本书内容通俗易懂，定位零基础人群。全书理论讲解清晰明了，栏目设置丰富多样，强化一站式教学，帮助读者解决网页设计"学什么，怎么学"的问题。

## 2. 内容新颖实用，实战案例驱动

本书内容新颖且实用，包括HTML5、CSS3和JavaScript中新的和常用的特性，以满足当前网页设计与制作的主流技能需求。全书提供课堂实战内容，通过课堂实战融入案例，驱动落实课堂实践教学。

## 3. 贯彻立德树人，落实素养培育

本书深入贯彻立德树人理念，推动实现"党的二十大精神进教材"，除第9章、第10章外，每章都设置"素养课堂"模块，从多个角度落实网页设计人才的素质教育，以培养更多复合型网页设计人才，读者扫描二维码即可学习。

## 4. 配套资源丰富，满足多元化教学需求

本书配套资源丰富，提供PPT课件、电子教案、教学大纲、课后习题答案、源代码等资源，可满足教师的多元化教学需求。用书教师如有需要，可登录人邮教育社区（www.ryjiaoyu.com）获取相关资源。

本书由欧阳荣华、汪艳担任主编，孙小文、王琼、杨艳梅担任副主编。虽然编者在编写本书的过程中力求精益求精，但由于水平有限，书中难免存在疏漏之处，恳请广大读者批评指正。

编者

2023年10月

< 2 >

CONTENTS

< 2 >

< 3 >

# 第6章
# HTML5页面加载

# 第7章
# JavaScript高级应用

< 4 >

## 第8章
## 使用前端框架

## 第9章
## 综合实训——HTML5
## 扫雷游戏

< 5 >

# 第10章
# 综合实训——开发通过二维码传输文件的应用

< 6 >

# 第1章 HTML5入门

HTML（HyperText Markup Language）是超文本标记语言，HTML5是HTML的新版本。超文本意味着HTML不仅能描述文本，还能描述图片、音视频等多媒体内容。HTML最初被设计用于在互联网上分享文档。HTML5的设计目标是适应移动互联网的发展，并且提供统一的用户体验。

本章主要涉及的知识点有：

- HTML简介；
- HTML的发展；
- HTML5与CSS3；
- HTML5与JavaScript；
- 搭建HTML5开发环境；
- 打开HTML5文档。

## 1.1 HTML概述

HTML是应用最广泛的互联网技术之一，用于定义便于在互联网上分享的富文本文档。万维网（World Wide Web，WWW）上的大量文档使用HTML定义，包括我们熟悉的百度、网易、搜狐、淘宝、京东等网站的页面，也包括微信公众号中的文章页面。

### 1.1.1 HTML简介

HTML是一种标记语言。标记语言的代码本身是普通文本，但可通过特殊的标记（即标签）描绘图片、视频等多媒体内容，或者表示格式等不属于文本的信息。请看下面的代码。

```
<img src="1.jpg" />
<font color="red" size="14">新春</font>快乐！！！
```

文字内容是"新春"和"快乐！！！"。标签是"<img src="1.jpg" />""<font color="red" size="14">"和"</font>"。按照HTML的语法，"<img src="1.jpg" />"代表一张图片，图片的文件名是"1.jpg"；"<font color="red" size="14">"和"</font>"表示它们中间的文字的颜色设置成红色，字体大小设置为14。

使用Web浏览器（以下简称浏览器）可以显示HTML文档。以上代码在浏览器中渲染的效果如图1.1所示。

> **!注意**
>
> 不同浏览器对相同的HTML文档的渲染结果可能不同，这跟浏览器的具体实现有关，但一般来说渲染效果区别不大。

图 1.1 "新春快乐！！！"的渲染效果

标记语言可以用于文档排版、数据传输等领域。其中HTML5就是如今互联网上广泛采用的文档表示格式。XML（Extensible Markup Language，可扩展标记语言）是一种用于数据传输的标记语言。TeX是一种学术界常用的排版工具，也是一种标记语言。Markdown是一种轻量级的标记语言，可以使用简单的语法标记文本格式并进行文档排版，功能比较强大，值得注意的是，Markdown支持内嵌HTML。

HTML作为标记语言，主要用于描述富文本信息。可以理解为它的功能与Word等文字处理软件的功能类似。

使用HTML技术的主要目的是创建便于在互联网上分享的多媒体文档，并提供多种多样的用户交互功能。图1.2展示的是使用HTML5实现的一种弹窗，用于向用户传递信息。

图1.3展示的是使用HTML5实现的博客评论系统，其中包括文章的阅读量、评论内容等。该系统还提供了表单，允许用户输入和发表新的评论。

图 1.2 使用 HTML5 实现的一种弹窗　　　　　图 1.3 HTML5 博客评论系统界面

HTML不仅能展示多媒体文档，提供用户交互功能；还提供标记文档信息关系的功能，用户通过单击链接可在文档间跳转。

## 1.1.2 HTML的发展

HTML由英国计算机和物理学家蒂姆·伯纳斯·李发明。他在1990年开发了万维网的服务器和客户端。万维网也简称为Web，是通过互联网发布和获取信息的系统，这个系统使用的文档格式就是HTML。我们经常使用的网页，如百度、淘宝、京东等网站的网页，还有微信公众号中的文章网页都是万维网中的网页。

万维网主要包括服务器和客户端，客户端一般就是浏览器，当用户在地址栏中输入网址并按Enter键或单击链接时，浏览器就向服务器发送请求。服务器会发送对应的文档给客户端，文档的格式通常是HTML。图1.4展示了Web的服务器、客户端，以及HTML文档的关系。

< 2 >

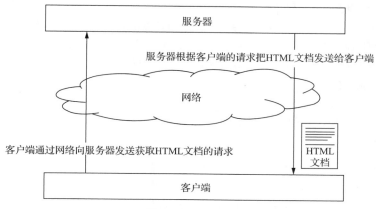

图 1.4　Web 示意

为了适应互联网的发展，HTML标准不断更新。1995年HTML 2.0标准发布，它是后续HTML标准的基础。

HTML5是HTML的新版本，已于2014年正式发布，成为推荐版本。但在这之前关于HTML新版本的讨论已经进行了很久。因为互联网的普及和移动互联网的高速发展，有很多问题不能使用旧的HTML标准解决。

其中一个突出的问题是如何用HTML展示音频、视频。HTML5之前的标准中没有音频和视频专用的标签，所以那时，实现在网页里播放音频、视频的技术有很多，其中最流行的技术之一是Flash插件，但总体来说很不统一，对移动设备（比如手机和平板电脑）的支持也不完善。

早在2010年，时任苹果公司CEO的乔布斯就发表文章"Thoughts on Flash"，预言随着HTML5的发展，播放视频将不再依赖Flash插件。

如今HTML5标准中加入的<video>、<audio>标签得到了大多数浏览器的支持，使得在网页中插入视频、音频如插入图片一样简单。而Flash已逐渐退出了历史舞台。

HTML5现在已获得极大的成功，有广泛的应用，且还在不断发展和更新。HTML5的发展既推动了浏览器的发展，也促进了HTML5应用的开发和使用。

## 1.1.3　HTML5与CSS3

CSS（Cascading Style Sheets，串联样式表）专门用于定义文档的样式，常与HTML一起使用。现在使用最广泛的CSS标准之一是CSS3。既可以在HTML5文档中直接使用CSS3，也可以在单独的样式表文件中定义CSS3样式规则。CSS3可以用于对文档样式进行精细控制，也可以用于实现动画效果。

CSS3已经和HTML5的生态紧密结合，所以通常意义的HTML5开发总离不开CSS3。第5章将详细介绍CSS3。

## 1.1.4　HTML5与JavaScript

JavaScript是被广泛使用在网页中的一种计算机程序设计语言。与标记语言不同，程序设计语言通常用于描述和规定操作或流程。JavaScript用于编写运行在浏览器中的程序，可以实现多种动态效果，使HTML5网页成为真正的"应用程序"。

与CSS3一样，JavaScript也已经与HTML生态紧密结合，尤其是在HTML5应用中，很难不使用JavaScript。在一些复杂的应用中，例如，HTML5游戏或者复杂的单页面应用中，JavaScript的代码数量可能相当庞大。

< 3 >

JavaScript使HTML5页面能快速响应用户操作，而不必等待服务器发送响应，因为浏览器与服务器的通信需要经过网络，而网络通信的速度往往比本地计算机硬件处理的速度慢得多。

简单的逻辑可以通过JavaScript程序实现，它同HTML5文档一起传输到用户计算机，由浏览器解释执行。这不仅减少了服务器的负载（服务器不必处理简单逻辑），也减少了网络的使用，还提高了用户体验（页面响应更快速）。

### 1.1.5 HTML5标准和文档

万维网联盟（World Wide Web Consortium，W3C）是致力于发展Web技术的国际组织。W3C组织制定标准草案，在通过一系列评审过程后，将标准草案发表为W3C推荐标准（W3C Recommendation）。

在W3C的官方网站可以找到包括HTML5标准在内的多种Web标准文档。

除了W3C官方文档外，Mozilla提供的HTML5技术相关文档也值得参考。Mozilla的MDN Web Docs不仅提供中文等多种语言的Web标准文档，还提供很多扩展内容及站内搜索等功能。

## 1.2 搭建HTML5开发环境

HTML5文档是纯文本文件，文件扩展名是.html或.htm。可使用文本编辑器编辑HTML5文档，可使用支持HTML5的浏览器打开HTML5文档。本节介绍多种适用于编辑HTML5文档的编辑器或集成开发环境，以及多种支持HTML5的浏览器的安装、配置和使用方法。

### 1.2.1 安装浏览器

浏览器是用于浏览万维网网页的客户端。现在的浏览器一般都支持HTML5的主要特性。常用的浏览器有Edge、Chrome、Firefox和Safari等。

Edge浏览器是较新版本的Windows系统的默认浏览器。Safari浏览器主要应用在苹果公司的设备上。Chrome浏览器是谷歌公司开发的。Firefox浏览器是Mozilla基金会开发和维护的。这些浏览器都可免费使用。

Edge浏览器有新版和旧版之分，两种版本使用了不同的排版引擎。但现在Edge浏览器一般指新版Edge浏览器。

排版引擎是浏览器用来渲染HTML文档，并产生可视化内容的组件。Edge、Chrome浏览器都使用Blink引擎。Safari浏览器使用WebKit引擎，Firefox浏览器使用Gecko引擎。

较新版本的Windows系统已经默认安装了Edge浏览器，可以直接使用。macOS则默认安装Safari浏览器。

如果希望自行安装浏览器，则推荐安装Firefox浏览器，下载安装包，并根据提示安装即可。图1.5展示了Firefox浏览器安装界面。

上面介绍的浏览器都支持多种操作系统，包括Windows系统、Linux系统、macOS，以及移动端的Android系统和iOS。

图 1.5　Firefox 浏览器安装界面

### 1.2.2 浏览器的配置

浏览器的配置非常丰富，在开发HTML5应用时需要关注的主要有以下几个方面。

< 4 >

第一是显示相关设置。如通常浏览器支持按住Ctrl键的同时滚动鼠标滚轮调整浏览器页面的缩放比例；使用Ctrl键和加号键或减号键完成页面的放大和缩小；按Ctrl键和数字键0恢复页面的默认缩放比例。

第二是权限和隐私设置，包括对Cookie的管理权限的管理，如允许网页使用位置信息、摄像头、麦克风、运动或光传感器，发送通知，使用JavaScript等。开发涉及这些权限的功能时，需要允许页面访问相应资源。图1.6展示了Edge浏览器中的权限设置。

图1.7展示了Edge浏览器中与性能相关的设置，其中包括计算机的代理设置。Edge和Chrome浏览器没有内置的代理配置选项，只能使用系统代理配置。以隐私保护著称的Firefox浏览器有内置的代理配置选项。

图 1.6　Edge 浏览器中的权限相关设置

图 1.7　Edge 浏览器中与性能相关的设置

此外，Edge浏览器还有开发者使用的功能，如缓存、日志、调试等相关设置，这些将在介绍开发者工具时详细介绍。

下面介绍浏览器的一些隐藏页面，其中包含浏览器的"高级"设置，并可以通过它们获取一些浏览器内部信息。要查看这些隐藏页面的列表，可以直接在浏览器的地址栏中输入一个特殊地址并按Enter键。对于Edge浏览器来说，该地址是"edge://about"，对于Chrome浏览器来说，该地址是"chrome://about"，对于Firefox浏览器来说，该地址是"about:about"。图1.8为Edge浏览器about页面展示的部分隐藏页面列表。

接下来简要介绍一些比较常用的页面。edge://version页面展示浏览器的版本、操作系统类型和版本信息等内容。图1.9展示了运行在Windows 10上的112.0.1722.34版本的Edge浏览器的edge://version页面。

图 1.8　Edge 浏览器 about 页面的部分隐藏页面列表

图 1.9　Edge 浏览器的 edge://version 页面（部分）

< 5 >

edge://flags页面包含当前浏览器的实验性功能。Firefox浏览器中对应的页面是about:config。这个页面中的配置选项并不面向普通用户，但对开发者可能有所帮助。其中的部分功能可能是浏览器未来正式支持的功能。但对这些选项的错误配置可能导致浏览器出现问题。图1.10展示了Edge浏览器的edge://flags页面。

浏览器是非常复杂的程序，不仅有HTML5文档渲染、JavaScript代码解释执行的功能，还有多种网络协议支持、多媒体播放、插件等功能，配置非常烦琐。对于普通用户，绝大多数配置都无须特别留意，但Web开发人员有必要了解开发所涉及的配置。

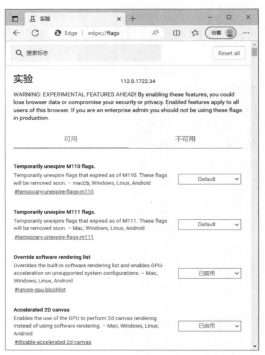

图 1.10　Edge 浏览器的 edge://flags 页面（部分）

### 1.2.3　安装集成开发环境

HTML5文档是纯文本文件，大多数文本编辑器都可以编辑HTML5文档。但使用专用的集成开发环境可以提高开发HTML5程序的效率。

集成开发环境通常具有语法高亮、代码补全、标签配对、代码块折叠等功能。HTML5开发不仅仅涉及网页设计，随着各种前端技术的发展，前端包括的业务逻辑越来越多，这些业务逻辑主要由JavaScript实现。

Adobe的Dreamweaver是一款Web页面设计工具和集成开发环境。JetBrains的WebStorm是专门为Web开发设计的集成开发环境，对于JavaScript有专门的支持。微软公司的开源且免费的Visual Studio Code（以下简称VS Code）是一个通用的、具有丰富扩展插件的源代码编辑器，在HTML5开发中很常用。下面分别介绍上述3种集成开发环境的安装与配置。

Dreamweaver是收费软件，其安装包可以在Adobe的官方网站下载，可以在免费试用后决定是否付费购买。Dreamweaver集网页设计、网站管理和程序开发于一体，是流行的网页开发工具，但收费较高。

WebStorm也是价格不菲的收费软件，提供30天试用期限。它功能强大，不仅对HTML5、CSS3，以及JavaScript支持良好，还集成了非常易用的Git版本控制功能。对于高校师生，JetBrains旗下包括WebStorm在内的多种工具通过认证后都可以免费使用。

要安装WebStorm，可以直接到JetBrains的官方网站下载安装包安装，也可以下载JetBrains提供的Tool box小工具，通过它安装JetBrains的多种工具。

VS Code是本书推荐使用的集成开发环境。它是开源软件，而且可以免费使用；拥有丰富的扩展插件，功能完备；运行速度快，占用资源少；直接到官方网站下载其安装包，安装后即可使用。

### 1.2.4　安装文件传输客户端和版本控制工具

文件传输客户端是HTML5开发中常用的工具，开发完成的HTML5应用，为了做测试或部署，可能需要通过文件传输客户端传输到服务器。

常用的文件传输客户端有FTP和SFTP。新版本的Windows操作系统已经默认安装了SSH和SFTP命令行工具。如果偏爱图形界面工具，对于Windows系统，可以安装WinSCP。

版本控制工具用于管理代码版本。现在最流行的版本控制工具之一是Git。对于Windows系统，可以下载相应安装包直接运行安装，也可以使用一些带有图形界面的Git工具。

< 6 >

### 1.2.5 HTML5调试工具

调试是应用开发无法避免的过程。浏览器是HTML5应用的运行环境，浏览器内置的开发者工具提供了强大的调试功能，所以调试HTML5代码时，推荐使用浏览器开发者工具中的调试器。

浏览器的开发者工具提供的主要调试功能有HTML5元素渲染、HTML5标签到浏览器窗口中的元素细节的对应关系，还提供设备模拟功能，可以模拟不同设备的屏幕。

JavaScript代码调试相关的工具有控制台（Console），在控制台可以查看JavaScript代码的输出内容，还可以手动输入并运行JavaScript代码。图1.11中展示了在控制台中输入代码"Math.pow(2, 0.5)"并执行的结果。

图 1.11　在控制台中输入代码计算 2 的 0.5 次幂的值

开发者工具还有网络调试的功能，通过它可以查看页面发送的请求的详情，第6章将详细介绍相关内容。此外开发者工具还有性能、存储等多种调试功能。

除了浏览器开发者工具提供的调试功能，还有一些增强浏览器调试功能的插件，安装它们后可以获得更多调试功能。

## 1.3 第一个HTML5页面

本节将通过示例介绍HTML5文档的基本结构、如何打开HTML5页面、查看HTML5页面源代码，涉及VS Code和浏览器在HTML5开发中的使用方法。

### 1.3.1 HTML5文档结构

HTML5文档是纯文本文件，常用的文件扩展名是.html或者.htm。HTML5文件的第一行是文档声明，对于HTML5文档来说，文档声明如下。

```
<!DOCTYPE html>
```

因为HTML5对字母大小写不敏感，所以以上文档声明也可写作"<!DOCTYPE HTML>"。HTML5之前的HTML4.01的文档声明如下。

```
<!DOCTYPE HTML PUBLIC "-//W3C//DTD HTML 4.01//EN"
        "http://www.w3.org/TR/html4/strict.dtd">
```

HTML5与之前的版本相比，文档声明更加简洁。

文档声明之后是HTML5文档的内容。标签是HTML5文档内容的最小单位，标签通常两个为一组，一起出现，用角括号（Angle Bracket）标识标签的位置。文档声明也是一个特殊的标签。下面的代码展示了一个标签名为html的标签。

```
<html> </html>
```

角括号内的"html"就是标签的名字。一般来说，如果某个标签的角括号内第一个字符是"/"，则这个标签为结束标签，否则是开始标签。一对标签组成一个元素。例如，<html>是开始标签，表示

<7>

html元素的开始；</html>是结束标签，表示html元素的结束。

开始标签和结束标签之间是元素的内容。它可以是文本，也可以是其他标签。另外，开始标签中除了标签名字外，还可以添加一个或多个属性。HTML5文档的基本结构如下所示。

```
<!DOCTYPE html>
<html>
    <head>
        <meta charset="utf8" />
        <title>文档标题</title> <!-- 文档的标题会被显示在页面的标题栏 -->
    </head>
    <body>
        <!-- 通常来说<body></body>标签内的元素才是显示在浏览器窗口中的内容 -->
        <h1>一级标题</h1>
        <p>文本段落</p>
        <h2>二级标题</h2>
        <p>文本段落</p>
    </body>
</html>
```

HTML5文档的最开始是文档声明。之后的所有文档内容都应该包含在一个html元素之内。html元素内通常有两个子元素，即head和body。Head元素内通常包含页面的一些信息，而body元素中包含在页面中可以看到的内容。

上例中<head>标签内的第一个标签为"<meta charset="utf8" />"，其标签名为"meta"。charset="utf8"说明标签的charset属性的值是"utf8"。这意味着当前HTML5文档的编码格式是"utf8"，这一属性设置对于绝大多数包含中文的HTML5文档都是必要的。若不设置该属性，则浏览器可能无法正常显示中文。

"<meta charset="utf8" />"中的"/"表明当前元素为空，"<meta />"相当于"<meta></meta>"。

在HTML5文档中，"<!--"和"-->"是注释符号，它们之间的内容会被忽略掉，起到对代码进行解释说明的作用。

下面开始创建第一个HTML5文档。启动VS Code。单击"文件"菜单，选择"新建文件"选项创建空文件。输入上面的代码，保存新文件为"1.3.1.html"。它是一个简单但完整的HTML5文档。

> ⚠ 注意
>
> 文件名中的".html"表示当前文件是HTML5文档。文件名中最后一个点及其后面的部分被称为文件的扩展名。比如Word文档的扩展名是.doc或.docx，扩展名通常可以说明文件的类型，以及应该用什么程序打开文件。如果使用了其他的扩展名，则可能无法使用浏览器正常打开HTML5文档。

## 1.3.2 打开HTML5页面

如果系统正确设置了HTML5文件的打开方式，双击1.3.1小节保存的"1.3.1.html"文件就可以在浏览器中打开这个HTML5文档。在Edge浏览器中打开这个HTML5页面的效果如图1.12所示。

图 1.12　在 Edge 浏览器中打开 HTML5 页面的效果

< 8 >

### 1.3.3 查看HTML5页面源代码

在浏览器中打开页面后，单击鼠标右键，在弹出的快捷菜单中选择"查看页面源代码"可以直接打开源代码页面。图1.13展示了Edge浏览器中页面快捷菜单中的内容。

浏览器通常会打开新的页面展示源代码，通常源代码页面的地址是在原网页的地址前加上"view-source:"。有的网站禁止使用快捷菜单（单击鼠标右键无法打开快捷菜单），这时就可以使用修改地址的方法打开源代码页面。

也可以选择快捷菜单中的"检查"选项打开开发者工具。开发者工具中实时显示当前页面的源代码。

> **注意**
>
> 选择"查看页面源代码"选项看到的源代码是浏览器打开的原始文档的代码。选择"检查"选项看到的源代码是浏览器正在显示的内容对应的源代码。

图 1.13 Edge 浏览器中页面的快捷菜单

## 1.4 通过网络访问HTML5页面

1.3节介绍了打开和查看HTML5文档的方法，通过打开HTML5文档（位于本地计算机中），浏览器可直接读取它。当浏览网络上的页面时，浏览器会通过网络找到并下载页面到当前计算机，然后打开它。本节将介绍在本地计算机中，搭建HTTP（Hypertext Transfer Protocol，超文本传送协议）服务器，使用浏览器通过网络打开页面。

### 1.4.1 浏览器如何发送和处理请求

从用户输入网址到浏览器中显示出页面，要经历网址解析、建立连接、发送请求、接收和解析响应、解析HTML5文档等多个步骤，这一流程的示意如图1.14所示。

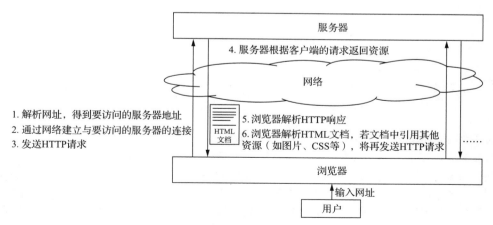

图 1.14 浏览器中显示网络 HTML5 页面的流程示意

<9>

其中解析网址、建立连接的内容涉及计算机网络的相关知识。HTTP是用于万维网的传输协议，HTTP不仅可以传输HTML5文档，也可以传输图片、流媒体等类型的数据。

> **注意**
>
> 这里所说的HTTP包括HTTPS（HyperText Transfer Protocol Secure，超文本传输安全协议），HTTPS是应用SSL（Secure Socket Layer，安全套接字层）加密的HTTP。

### 1.4.2  搭建本地HTTP服务器

搭建本地HTTP服务器的方法有很多。一个比较流行的HTTP服务器是nginx，可以在其官方网站下载Windows版的可执行文件，将其解压后直接运行就可以在本地启动一个HTTP服务器。nginx的默认配置文件会监听本机的80端口。

> **注意**
>
> nginx可以作为HTTP服务器使用，但它的功能不止于此。

还可以使用Python启动HTTP服务器，Python默认安装了HTTP服务器模块。安装Python后，可以在任意目录下执行"python -m http.server"命令，执行该命令后，默认HTTP服务器在8000端口启动HTTP服务，服务器的根目录就是执行命令的目录。对于Python2来说，对应的命令是"python -m SimpleHTTPServer"。

### 1.4.3  访问本地HTTP服务器上的页面

把1.3.1小节创建的HTML5文档放到nginx或者Python的服务器目录下，在浏览器中访问由服务器地址和"/ 1.3.1.html"构成的地址，可打开该HTML5页面，效果如图1.15所示。

图 1.15　使用浏览器通过网络打开 HTML5 页面

## 1.5  小结

本章介绍了HTML的发展、HTML5的基础知识、HTTP等。

HTML5是目前流行的前端技术，也是使用最广泛的构建用户界面的技术之一。除了网站外，很多客户端应用程序、小程序，都是使用HTML5技术开发的。

学习本章后可以了解HTML和HTML5的关系、HTML5与CSS3及JavaScript的关系、浏览器的工作方法；掌握查阅在线HTML5文档的方法；掌握至少一种HTML5集成开发环境或者编辑器的安装和基本使用方法；掌握至少一种启动HTTP服务器的方法。

素养课堂

< 10 >

# 1.6 课堂实战——使用HTML5创建自己的简历

本节的课堂实战将结合本章内容，介绍使用HTML5创建简单的文字版简历，需要先准备好HTML5编辑器和浏览器环境。

## 1.6.1 创建文档

新建一个HTML5文本文档，输入下面的内容并保存。

```
<html>
    <head>
        <meta charset="utf8" />
        <title>我的简历</title>
    </head>
    <body>
    </body>
</html>
```

这是一个空白页面，在浏览器中打开它后，标题栏中显示<title>标签中的内容，即"我的简历"。

## 1.6.2 章节标题

HTML5使用<h1>～<h6>标签表示一级～六级标题。一级标题最大，六级标题最小。使用<h1>和<h2>标签，在<body>标签内添加简历的各级标题。

```
<html>
    <head>
        <meta charset="utf8" />
        <title>我的简历</title>
    </head>
    <body>
        <h1>姓名</h1>
        <h2>教育经历</h2>
        <h2>兴趣爱好</h2>
        <h2>联系方式</h2>
    </body>
</html>
```

通常简历的一级标题为自己的姓名，这时可使用<h1>标签。姓名后面是简历的几个主要部分，使用<h2>标签表示。

## 1.6.3 段落

HTML5中使用<p>标签表示段落。多个连续的<p>标签之间会自动换行。但HTML5会自动忽略同一个标签内的换行。继续补充简历内容，在每个<h2>标签后添加<p>标签及相关内容。

```
<html>
    <head>
        <meta charset="utf8" />
        <title>我的简历</title>
    </head>
```

< 11 >

```
<body>
    <h1>姓名</h1>
    <h2>教育经历</h2>
    <p>2018年9月—2021年6月  北京邮电大学</p>
    <p>2013年9月—2017年6月  青岛大学</p>
    <h2>兴趣爱好</h2>
    <p>编程、看书、听音乐</p>
    <h2>联系方式</h2>
    <p>网站地址：e××q.com</p>
    <p>邮箱地址：sxw@e××q.com</p>
</body>
</html>
```

图1.16展示了当前代码对应的显示效果。

图 1.16　在 Edge 浏览器中简历文档的显示效果（1）

每个<h1>标签或<p>标签后都会换行。即使写成如下形式，<p>标签后也会自动换行。

```
<p>网站地址：exxq.com</p><p>邮箱地址：sxw@exxq.com</p>
```

这与HTML元素的属性有关，块（Block）元素排版时独占整行，不能与其他元素并列展示，上面示例的<p>标签就是常见的块元素。行内（Inline）元素排版时可以共享一行空间，可以与其他元素并列展示，行内元素不能设置高度和宽度，默认的宽度是元素内容的宽度。

## 1.6.4　排版

可通过<center>标签使姓名居中显示。可使用<hr>标签在每两个标题之间显示水平分隔线。代码如下所示。

```
<html>
<head>
    <meta charset="utf8" />
    <title>我的简历</title>
</head>
<body>
    <center><h1>姓名</h1></center>
    <h2>教育经历</h2>
    <p>2018年9月—2021年6月  北京邮电大学</p>
    <p>2013年9月—2017年6月  青岛大学</p>
    <hr>
```

< 12 >

```
    <h2>兴趣爱好</h2>
    <p>编程、看书、听音乐</p>
    <hr>
    <h2>联系方式</h2>
    <p>网站地址：e××q.com</p>
    <p>邮箱地址：sxw@e××q.com</p>
</body>
</html>
```

在浏览器中简历文档的显示结果如图1.17所示。

图 1.17　在 Edge 浏览器中简历文档的显示效果（2）

# 1.7　课堂实战——在互联网上发布自己的页面

通过对本章的学习，我们可以在本地创建HTML5文档，并把HTML5文档发布到网络上，以便让更多人方便地访问它们。但请千万注意个人隐私，请勿把不希望公开的个人隐私内容发布到互联网上，也不要发布违反法律法规的内容。

## 1.7.1　注册GitHub或Gitee账户

GitHub和Gitee都是基于Git的代码托管平台，其功能是允许用户把使用Git管理的代码仓库推送到它们提供的服务器并保存，用户的代码仓库可以设置为公开，也可以设置为私有。GitHub和Gitee还提供一系列开发相关的服务，其中一项是免费的页面托管服务。

GitHub提供的页面托管服务是GitHub Pages，它允许把一个代码仓库作为静态网站提供公开访问。而且对于每个账户，GitHub Pages还提供一个独立二级域名，用户可以通过域名直接访问这个网站，用户也可以选择绑定自己的域名。页面托管服务是免费提供的，所以可使用它免费搭建静态网站。很多知名项目的官方网站也使用GitHub Pages。

Gitee提供Gitee Pages页面托管服务，它与GitHub Pages非常类似。但通常Gitee Pages在国内的访问速度更快。GitHub Pages为每个账户提供的二级域名是"用户名.github.io"。Gitee Pages给用户提供的二级域名是"个性地址.gitee.io"。

因为它们提供的二级域名跟用户名或个性地址相关，所以注册账户时要注意设置合适的用户名或个性地址。下面介绍GitHub与Gitee的注册流程。

< 13 >

注册GitHub账户的流程如下。

首先在浏览器地址栏中输入GitHub官方网址，进入GitHub首页并找到注册页面，如图1.18所示。

然后在邮箱地址栏中输入一个邮箱地址，单击"Sign up for GitHub"按钮。再为自己的GitHub账户设置一个密码，也可以使用GitHub生成的密码。之后经过设置用户名，选择邮箱是否接受产品广告，以及进行机器验证等流程，就可以创建一个GitHub账户了。最后将跳转到一个输入验证码的页面，如图1.19所示，GitHub会给我们的邮箱发送一串数字码，将这串数字填写到页面上即可。

图1.18　GitHub注册页面

图1.19　填写GitHub数字码页面

Gitee的注册过程与GitHub类似，只不过注册时需要输入手机号码，使用手机号或邮箱验证码进行绑定即可。Gitee也可以使用第三方账号登录，例如，可以使用OSChina、阿里云、GitLab、GitHub等账号进行登录。

### 1.7.2　创建代码仓库

创建和GitHub用户名或Gitee个性地址相同的代码仓库，只有这样才能设置代码仓库的内容作为当前账户二级域名的默认网站内容。

创建在线代码仓库后需要在本地也创建代码仓库，准备好其内容后，将其推送到在线代码仓库。具体操作如下。

在本地创建一个文件夹，这个文件夹的内容就是代码仓库的内容。

安装Git工具。这里介绍命令行版的使用方法。可以在命令提示符窗口中使用git命令。

在新建的文件夹中打开命令提示符窗口，输入并执行初始化代码仓库的命令，如下所示。

```
git init
```

若看到提示说明代码仓库已经创建成功，则表示这个刚刚创建的空文件夹已经是一个Git代码仓库了。这条命令会在文件夹中创建一个名为".git"的隐藏文件夹。所以如果这个文件夹下已经有名为".git"的文件或者目录，则代码仓库无法创建成功。

把要发布的HTML5网页复制到当前目录下。比如把1.6节创建的个人简历HTML5文件复制过来，重命名为"index.html"。

> **！注意**
>
> 重命名操作是必要的，因为GitHub Pages和Gitee Pages会返回index.html作为默认的响应。比如请求×××.github.io时，实际会返回代码仓库根目录下的index.html。如果访问×××.github.io/123/，则返回代码仓库文件123/index.html。

输入并执行下面的命令。

< 14 >

```
git add index.html
```

把index.html文件添加到暂存区，然后需要将修改的内容提交到版本库中。提交之前需要先设置提交者的身份，即配置邮箱地址和姓名。以下两条命令分别用于配置姓名和邮箱地址。

```
git config --global user.name "名称"
git config --global user.email "邮箱地址"
```

其中的"--global"会把相应配置作为当前操作系统用户的全局默认配置。也就是说，在使用其他代码仓库时，如果没有额外配置，则默认使用通过"--global"配置的名称和邮箱地址。如果去掉以上命令中的"--global"，则以上配置仅对当前的代码仓库生效。

使用以下命令提交commit。

```
git commit -m "first commit"
```

## 1.7.3 推送本地代码仓库内容到在线代码仓库

在GitHub和Gitee中创建新的空代码仓库后，都默认显示如何创建本地代码仓库并推送到在线代码仓库的说明。

需要在本地代码仓库中"绑定"在线代码仓库。可直接复制提示页面的"git remote add origin ××××"代码到命令提示符窗口中执行。执行成功后，使用"git push -u origin "master""命令推送本地代码仓库的内容到在线代码仓库。

执行"git push -u origin "master""命令后，需要输入身份信息，身份验证通过后，本地代码仓库的内容就被推送到在线代码仓库中。刷新代码仓库页面，就可以看到推送到在线代码仓库的文件了。

> **！注意**
>
> 向在线代码仓库推送内容时请务必注意个人隐私安全，不要把个人隐私、密码凭据等内容上传到在线代码仓库，尤其是公开代码仓库，因为公开代码仓库可以被任何人访问。

## 1.7.4 启动静态网站服务

Gitee要求代码仓库必须先公开才能启用Gitee Pages静态网站服务。如果代码仓库是私有的话，则需要将其设置为公开。在Gitee中选择仓库首页上方的"服务"菜单，单击"Gitee Pages"，进入Gitee Pages的配置页面。

在其中选择部署的分支和部署目录，全部使用默认值即可。配置成功后就可以直接通过提供的网址访问上传的HTML5文档了。

## 课后习题

### 一、选择题

1. 以下哪个选项是新的HTML标准？（    ）
   A. XHTML          B. HTMLX          C. HTTP2.0          D. HTML5
2. 下面不能用于编辑HTML文件的软件是（    ）。
   A. Windows记事本   B. Chrome 浏览器   C. Word             D. VS Code
3. 一般来说，浏览器的调试工具无法做到（    ）。
   A. 动态修改页面内容                      B. 查看页面源代码
   C. 查看页面发出的请求                    D. 修改网页服务器端代码

< 15 >

4. 下面哪一项不是HTML5开发中常用的计算机语言？（　　　）

    A. JavaScrip　　　　　　B. HTML　　　　　　C. CSS　　　　　　D. Go语言

5. 以下哪项不是使用Git版本管理工具的好处？（　　　）

    A. 记录代码修改的过程，并且可以方便地查看历史版本

    B. 代码仓库可以多端同步，并支持代码修改的合并与冲突解决

    C. 支持代码分支、标签，可灵活管理代码版本，方便协调多人开发

    D. 不仅可以管理纯文本文件，也非常适合进行大体积的二进制文件的版本追踪

## 二、判断题

1. HTML5元素有块元素和行内元素的区别。　　　　　　　　　　　　　　　　（　　　）

2. HTML5的开发几乎很难离开CSS和JavaScript。　　　　　　　　　　　　　（　　　）

3. HTML5是前端开发技术，HTML5应用主要运行在用户终端设备上。　　　　（　　　）

4. HTML5应用的代码对于用户来说是完全可见的，应该避免把系统内的敏感信息（如数据库密码等）写到HTML5代码中。　　　　　　　　　　　　　　　　　　　　（　　　）

5. 多数浏览器可以任意修改打开的HTML5页面的内容，并实时显示修改的结果。（　　　）

6. HTML是超文本标记语言，它像Word的.doc文件一样可以插入图片等多媒体内容，所以HTML文件可能不是纯文本格式的文件。　　　　　　　　　　　　　　　　　（　　　）

## 三、上机实验题

1. 尝试发布多个页面到GitHub Pages或Gitee Pages，并通过地址直接访问它们。

2. 尝试在本地的代码仓库根目录运行HTTP服务器，比较本地服务器与GitHub Pages或Gitee Pages有何不同。

3. 在浏览器中尝试查看一些自己常用的网页的源代码。

4. 尝试比较在不同设备（手机、计算机等）、不同操作系统、不同浏览器中打开相同网页的显示效果，以及操作的区别。

< 16 >

# 第**2**章 HTML5的常用标签

HTML文档由相互嵌套的HTML标签定义。一个HTML标签由一个开始标签和一个结束标签构成，开始标签和结束标签被称为HTML标签，也被称为HTML标记标签。为了更好地构建互联网应用，HTML5新增了结构标签、多媒体标签等新的标签类型。

本章主要涉及的知识点有：

- HTML5中的常用标签；
- HTML5中的新增标签；
- HTML5标签属性；
- 元素布局；
- HTML5代码嵌入。

## 2.1 HTML5中的标签

标签是HTML文档的基本单位。HTML5在HTML 4.01的基础上，删除并重新定义了一些标签。本节主要介绍HTML5标签的基本概念，以及一些常用的标签。

### 2.1.1 标签概述

HTML5标签不区分大小写，例如，<head>与<HEAD>是一样的，推荐使用小写。

HTML5标签有以下特点：

（1）标签由角括号包围组成，例如，<body>，标签名是"body"；

（2）标签通常成对出现，例如，<p>是开始标签，以"</"开始的是结束标签，如</p>；

（3）开始标签和结束标签之间的内容是标签内容，标签的内容可以是其他标签，也可以是普通的文本内容；

（4）自闭合标签（如<br />），相当于一对内容为空的开始标签和结束标签；

（5）开始标签中可以定义属性，例如，"<a href="https://e××q.com/html5/" target="_blank">"，标签名是a，该标签有两个属性，第一个是href，第二个是target，标签名和属性之间、多个属性之间使用空白字符隔开。

每个属性都可以有值，但也可以只有属性名而不指定值。在上例中，a标签的href属性的值是"https://e××q.com/html5/"，target属性的值是"_blank"。

下面是一个HTML5标签的使用示例。

```
<div>
    <h1>欢迎语</h1>
    <p>
        欢迎来到<strong>HTML5</strong>的世界，请访问<a href="https://e××q.com/
html5/">本书网站</a>获取更多资料
    </p>
</div>
```

这段代码包含5个标签，最外层的标签是<div>标签，<div>标签通常用于组织内容，而对内容的渲染没有特殊影响。这段代码的所有内容都在<div>标签内。这段代码的渲染效果如图2.1所示。

该<div>标签内有一个<h1>标签和一个<p>标签。<h1>标签代表一级标题，<p>标签代表段落。<h1>标签的内容是文本"欢迎语"，<h1>标签把该文本渲染为一级标题。<p>标签则把其中的文字渲染为一个段落。

图 2.1　示例代码的渲染效果

<strong>标签用于强调标签内的文本。<a>标签用于给标签内的内容生成一个指向其他资源的链接，<a>标签的href属性用于指定链接。

## 2.1.2　标签分类

HTML5标签没有严格的分类方法，从功能层次上可以分为文档级标签、内容级标签、文本级标签。

文档级标签用于描述整个文档的信息，通常只允许出现一个，例如，用于标识HTML5文档的标签<html>。内容级标签则用于描述和组织文档内容，例如，HTML5新增的<header>和<footer>标签分别用于标识网页的头部和页脚，使用这些标签可以更方便、更直观地组织文档内容。文本级标签用于描述和组织文字内容，如一级标题标签<h1>。

HTML标签按功能可分为表格标签、多媒体标签、表单标签等。表格标签可以在页面上直观地展示一些表格数据。多媒体标签一般用于在页面上展示音频、视频等多种形式的多媒体资源。表单标签在HTML中用于处理用户输入，通常会提供输入框、选择框等元素，用户可以输入或选择内容。

## 2.1.3　文档级标签

文档级标签用于描述整个HTML5文档的信息。可以通过文档级标签设置HTML5文档的一些基本信息。

<html>标签是整个文档的最上层标签，HTML5文档的所有内容都应该包含在<html>标签中。

<head>标签主要包含便于程序理解和处理的文档元数据，其中通常包括<meta>标签、<title>标签等。<title>标签中只能包含文本而不能包含其他标签，这个文本将作为文档的标题，通常显示在浏览器的标题栏上。

<body>标签主要包含展示给用户的内容，HTML5文档的主要可见内容通常都在<body>标签中。

上面提到的标签除了<meta>外，在单个文档中都只能出现一次。

例如，1.6.1小节中的HTML文档是一个最基础的HTML5文档，这个文档中的HTML5标签都是文档级标签。由此可以看出，文档级标签是HTML5文档中最基础的标签，也是属于最外层的框架性的标签。

< 18 >

## 2.1.4　内容级标签

内容级标签用于描述文档内容。

<div>标签用于组织一组内容。

<header>标签中的内容是引导性内容，如网站的名称、导航栏信息等。

<main>标签中的内容是文档中的主要内容。

<footer>标签中包含页脚内容，如一篇文章的作者、一篇文章的相关内容或者一个页面的版权声明等。

<article>标签内是完整独立的内容，如一篇文章、一个论坛帖子、一个商品介绍等。

<nav>标签内是导航性质的内容，如当前页面的目录或者网站的目录。

<aside>标签中包含和当前元素中主要内容没有强相关性的，或者可以被省略而不影响信息传达的补充说明内容。

<section>标签用于放置自成一体、无法归类于上述几种情况的内容。

<abbr>标签中的内容表示缩写。

下面是内容级标签<footer>的使用示例。

```
<footer class="blog-footer">
    <div class="container">
        <div id="footer-info" class="inner">
            &copy;2023 sxw<br>
            Powered by <a href="http://h××o.io/" target="_blank">H××o</a>
        </div>
    </div>
</footer>
```

这段HTML5代码的渲染效果如图2.2所示。

©2023 sxw
Powered by H××o

图 2.2　渲染效果

## 2.1.5　文本级标签

文本级标签用于描述和组织文本，如改变文本的格式等。

<h1>～<h6>标签表示1～6级标题，其中<h1>标签表示最高级的标题。

<p>标签代表段落。<pre>标签代表一段已经格式化的文本，文本的格式将原样显示，如显示带缩进格式的代码。<code>标签中的内容是计算机程序代码。

<br>标签用于插入换行符，<hr>标签用于插入水平分隔线。

<q>标签用于组织小段引用文字（不包含换行）。<blockquote>标签用于组织大段引用的内容，可以通过cite属性指定引用内容的来源。<cite>标签用于描述被引用的作品，如书、文章，通常包含标题、作者等信息。

<s>标签中的文字会被加上删除线。

<b>、<strong>和<em>标签都可以用于描述希望强调的内容。

<address>标签中的内容是地址（如人或者公司的地址）。<time>标签中的内容是时间。

下面这个示例用于表示2021年8月12日10时27分5秒，但其在浏览器中不会有任何形式的渲染效果，即在浏览器中展示的依然是August 12th。

```
<time datetime="2021-08-12T10:27:05.000Z" itemprop="datePublished">August 12th</time>
```

## 2.1.6　列表和表格标签

列表分为有序列表（Ordered List）和无序列表（Unordered List）。表格标签和Excel中的表格类

< 19 >

似，都包括行、列、单元格、表头等，可以合并单元格，同样可以设置表头和表格主体内容。

&lt;ul&gt;标签代表无序列表，&lt;ol&gt;标签代表有序列表。列表内的元素用&lt;li&gt;表示。

例如，使用下面的代码可以得到一个无序列表。

```
<ul class="sidebar-module-list">
    <li class="sidebar-module-list-item">
        <a class="sidebar-module-list-link" href="/blog/categories/技术/">技术</a>
    </li>
    <li class="sidebar-module-list-item">
        <a class="sidebar-module-list-link" href="/blog/categories/数据/">数据</a>
    </li>
    <li class="sidebar-module-list-item">
        <a class="sidebar-module-list-link" href="/blog/categories/算法/">算法</a>
    </li>
</ul>
```

&lt;table&gt;标签表示表格。&lt;thead&gt;和&lt;tbody&gt;标签分别表示表头和表格主体内容。&lt;tr&gt;标签表示表格的一行。在&lt;tr&gt;标签中，使用&lt;th&gt;标签表示表头中的单元格，&lt;td&gt;标签表示表格主体内容的单元格。

下面的代码用于定义一个由表头和表格主体内容组成的表格。

```
<table border="1">
    <thead>
        <tr>
            <th>姓名</th>
            <th>语文成绩</th>
            <th>数学成绩</th>
        </tr>
    </thead>
    <tbody>
        <tr>
            <td>小明</td>
            <td>80</td>
            <td>90</td>
        </tr>
    </tbody>
</table>
```

## 2.1.7 多媒体标签

多媒体标签用于在浏览器的页面中展示图片、音频、视频等多媒体资源，可以使得页面更加生动，吸引用户的注意力。

&lt;img&gt;标签用于将图片嵌入HTML5文档中，展示图片。可以通过width和height属性设置图像的大小。src属性用于链接图像，通常是图像的统一资源定位符（Uniform Resource Locator，URL）。alt属性用于定义替代文本，即当图像加载失败时，alt属性中的文本可以代替图像显示。

下面使用&lt;img&gt;标签在浏览器中嵌入图像。

```
<img src="./2.7/10.jpg" alt="两只大熊猫在晒太阳" width="800px">
```

当"./2.7/10.jpg"文件丢失或出现错误时，浏览器中会出现alt属性对应的文字描述。

&lt;video&gt;标签表示用嵌入的媒体播放器来播放视频内容。&lt;audio&gt;标签表示嵌入的音频内容。两者都可以使用src属性来指定文件的URL，同时可以使用controls属性标识浏览器是否为用户提供控制播放的控件。

```
<video src="./2.1.7.mp4" width="600px" controls="controls"></video>
```

上面的代码用于插入一个带控制栏的视频播放器，播放的视频为"./2.1.7.mp4"。

<map>标签表示图像映射，在标签内部可以用<area>标签描述多个可以单击的区域。<area>标签中有多个属性用于定义可单击的区域，href属性用于定义单击之后跳转的URL，shape属性用于定义地图区域的形状，coords和shape属性同时使用，用于定义区域的位置。

## 2.1.8　链接标签

链接标签用于将某一浏览器页面和网络上的另一个文档相连。链接的可以是一段文本、一幅画等。

<a>标签用于创建超链接，单击超链接后，浏览器就打开超链接关联的内容，比如打开另一个页面，或者执行特定的操作。

<a>标签的href属性是URL，用于描述单击<a>标签后的目的地或操作。

URL就是表示互联网上资源的地址的字符，通常见到的网址就是一种URL。除了网址外，常见的URL还有包括图片在内的各种文件、电子邮箱地址、代码等。

图2.3以本书资源网站的地址为例，展示了URL的一般组成部分。

图 2.3　URL 的一般组成部分

其中，协议名决定浏览器需要以什么方法获取资源。主机名是存放资源的主机的地址，端口号说明资源在主机的哪个端口上，端口号通常可以省略，如果省略，则使用协议的默认端口号。路径是资源在主机的端口上的路径。查询参数是获取资源时，向主机发送的参数。片段ID是指向资源内部的某个位置。

https代表超文本传输安全协议（HyperText Transfer Protocol Secure）。除了https和http外，常用的协议还有mailto，它用于描述电子邮箱地址。file用于描述当前计算机或者网络文件系统上的文件。ftp是文件传输协议。

在HTML中，用下面的代码将上述URL嵌入文档中，就可以通过单击"e××q"来实现链接跳转。

```
可以从<a href="https://e××q.com:443/html5/?from=reader#about">e××q</a>了解更详
细的文档。
<a href="Javascript:alert (new Date());">单击显示当前时间</a>
```

## 2.1.9　代码和资源标签

代码和资源标签用于向HTML5文档中嵌入JavaScript代码、CSS代码等，还可以嵌入数学公式、画布等资源。

<script>标签用于向页面中嵌入可运行代码，目前HTML5中常用的代码是JavaScript代码，绝大多数浏览器可以直接运行JavaScript代码。可以直接在<script>标签内写JavaScript代码，也可以通过<script>标签的src属性引用代码文件。

```
<script>
    // 这里可以写 JavaScript 代码
    alert("欢迎! ");  // 这行代码会弹出一个弹窗，其中的文字是"欢迎!"
```

< 21 >

```
</script >

<!—下面的<script> 标签通过 src 属性引用了一个JavaScript文件 -->
<script src= "https://e××q.com/html5/script/chapter2.js"></script>
```

　　\<style>标签用于向页面中嵌入CSS代码。CSS代码用来定义和控制页面的样式，以及动态效果。

```
<style>
/* 这里的内容是注释 */
    p {    /* 下面的内容对所有< p> 标签生效 */
        text-align: center;    /* 文字居中 */
        color: red;            /* 文字颜色为红色 */
    }
</style>
```

　　如果要引用CSS文件，则需要使用\<link>标签。

```
<link href="https://e××q.com/html5/css/chapter2.css" rel="stylesheet" />
```

　　\<link>标签通过rel属性指定所引用资源的类型，除了使用stylesheet代表CSS文件，还可以使用icon代表图标文件。

　　\<svg>标签用于渲染可缩放的矢量图（Scalable Vector Graphics，SVG）。和HTML一样，SVG也是一种基于XML的语言，通过标签描述图形。

　　\<svg>标签内可使用\<circle>、\<ellipse>、\<rect>、\<line>、\<polyline>、\<path>和\<polygon>标签，分别表示圆形、椭圆形、矩形、直线、折线、路径和多边形。

```
<svg>
    <rect width="100" height="50" fill="red" stroke="black" x="100" y="100"/>
    <circle cx="100" cy="50" r="40" stroke="black" stroke-width="6" fill="red"/>
    <line x1="100" y1="50" x2="150" y2="125" stroke-width="3" stroke="black"/>
</svg>
```

图 2.4　绘制的图形

　　图2.4展示了上面代码绘制的图形。矩形左上角的顶点位于(100,100)，矩形的宽度、高度分别为100和50。圆形的圆心坐标由cx和cy指定，圆形的半径r的数值被设为40。圆形的边为黑色，线条宽度的数值为6，填充颜色为红色。另外有一条折线连接圆心和矩形的中心。

　　在\<math>标签中可以使用数学标记语言（Mathematical Markup Language，MathML）的标签，用于描述数学公式，它也是一种基于XML的标记语言。

　　\<canvas>标签是画布标签，可以绘制图像或制作动画。

　　\<iframe>标签用于在当前页面中嵌入另一个页面。

### 2.1.10　表单标签

　　表单用于帮助用户输入和提交信息，是HTML中重要的交互方式。\<form>标签即表单标签。

　　表单中用于输入的标签如下。

　　\<input>标签通常渲染为输入框，通过type属性的设置可以限制进行特定格式的输入，比如输入数字，或者没有特殊要求的一般文本。

　　\<select>标签通常被渲染为下拉列表，\<select>标签内的\<option>标签用于定义下拉列表中的选项。下面的代码定义了一个包含两个输入框、一个多选框、一个单选下拉列表的表单。

```
<form>
    <input type="text">
    <input type="number">
```

< 22 >

```
    <input type="checkbox">
    <select>
        <option>选项1</option>
        <option>选项2</option>
        <option>选项3</option>
    </select>
</form>
```

　　<textarea>用于定义长文本输入框，可以输入跨行的文本。

　　表单中还有用于显示的标签，如下所示。

　　<label>标签常与<input>等输入标签一起使用，用来提示用户某个字段需要输入的是什么内容。

　　<progress>标签用于显示处理进度，常显示为进度条。下面的代码创建了一个进度为66%的进度条。

```
<progress value="66" max="100"></progress>
```

　　<button>标签可以在表单中起到交互作用，可以生成一个按钮。当<input>标签的type属性为submit时也会显示为按钮，其作用是提交表单。本小节代码显示效果如图2.5所示。

图 2.5　显示效果

> **! 注意**
>
> 　　<input>、<select>等标签可以不在<form>标签内使用，但这样会失去提交表单的能力。不过用户依然可以通过它们输入内容，这时可以通过JavaScript等语言编写程序读取这些内容，并与用户交互。

## 2.1.11　交互标签

　　交互标签用于实现浏览器和用户之间的交互，当用户发起交互请求时，浏览器会按照规则给出响应。

　　<details>标签可以实现"点击查看详情"的功能。默认情况下，只有该标签内的<summary>标签中的内容会显示，并允许用户单击；单击<summary>标签后，显示<details>标签内的全部内容。代码如下。

```
<details>
    <summary>今天去超市购物</summary>
    购买的物品：
    <ul>
        <li>鸡蛋</li>
        <li>大葱</li>
        <li>面粉</li>
    </ul>
</details>
```

　　<details>和<summary>标签在浏览器中的显示效果如图2.6所示。

< 23 >

▼ **今天去超市购物**
购买的物品：

- 鸡蛋
- 大葱
- 面粉

图 2.6  <details> 标签展开后的显示情况

<dialog>标签用于创建一个对话框。下面的代码用于创建一个对话框，里面包含文字和可以关闭对话框的按钮。

```
<p>对话框上方的文字1</p>
<p>对话框上方的文字2</p>
<p>对话框上方的文字3</p>
<p>对话框上方的文字4</p>
<p>对话框上方的文字5</p>
<dialog open>
   <p>这是一个默认显示的对话框</p>
   <form method="dialog">
     <button>单击关闭</button>
   </form>
</dialog>
<p>对话框下面的文字1</p>
<p>对话框下面的文字2</p>
<p>对话框下面的文字3</p>
<p>对话框下面的文字4</p>
<p>对话框下面的文字5</p>
```

图2.7展示了上面代码渲染的对话框。单击"单击关闭"按钮后对话框被关闭。对话框上方和下方的其他元素的显示情况不会受到影响。

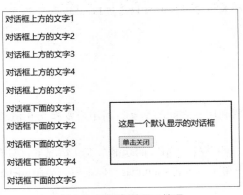

图 2.7　对话框的显示情况

# 2.2 HTML5新增标签类型

HTML5添加了大量新的标签，不仅给浏览器提供新的功能，如音视频播放、交互功能，还提供了更多的语义标签，如<header>、<main>、<footer>等标签，使用它们替换<div>标签能更清晰地划分页面的组成部分。

< 24 >

## 2.2.1　HTML5的理念

HTML5的理念是让网页更加语义化，易于开发和维护，更好地兼容不同设备并提供更多功能。

语义化是指HTML5代码除了描绘展示给用户的界面、定义交互之外，还能对页面的结构和内容进行描述，语义化可以帮助人和机器来更快地了解页面的含义。比如下面的代码描述了一个简单的文章页面。

```html
<body>
    <div>
        <a href="/">网站主页</a>
        <a href="/article/">文章列表</a>
        <a href="/author/">作者列表</a>
        <a href="/about/">关于本站</a>
    </div>
    <div>
        <div>
            <h1>超文本标记语言介绍</h1>
            <h3>2023-03-01</h3>
        </div>
        <div>
            <p>超文本标记语言即Hyper Text Markup Language，</p>
            <p>缩写为HTML。</p>
        </div>
    </div>
    <div>
        <p>本文作者是××，通信地址为××市</p>
    </div>
</body>
```

因为网页通常会分成多个区域，比如导航栏中通常显示网站各栏目的链接、网站的名称和Logo等。页脚通常可以显示版权声明、联系方式等内容。正文部分包括每个页面的主要内容。这段代码使用多个<div>标签容纳网页不同部分的内容。如果应用语义标签，则可以做如下改动。

```html
<body>
    <nav>
        <a href="/">网站主页</a>
        <a href="/article/">文章列表</a>
        <a href="/author/">作者列表</a>
        <a href="/about/">关于本站</a>
    </nav>
    <article>
        <header>
            <h1>超文本标记语言介绍</h1>
            <time>2023-03-01</time>
        </header>
        <section>
            <p>超文本标记语言即Hyper Text Markup Language，</p>
            <p>缩写为<abbr>HTML</abbr>。</p>
        </section>
    </article>
    <footer>
        <p>本文作者是××，通信地址为<address>××市</address></p>
    </footer>
</body>
```

< 25 >

页面导航栏部分外层的<div>标签换成了<nav>标签。正文包含在<article>标签内。文章后面的作者简介则包含在<footer>标签内。另外文章中的缩写词汇使用<abbr>标签标注，作者的通信地址使用<address>标签，分别说明对应文字的语义。

语义化能提高代码的可读性和可维护性。HTML5易于开发的特性还体现在其引入了更丰富的功能，原来需要很多代码才能实现的功能，现在已经变成了浏览器原生的功能。

### 2.2.2 内容结构标签

2.2.1小节中语义化代码示例中使用的<nav>、<article>等标签就是内容结构标签。内容结构标签不仅提供了语义化的功能，还可以简化开发。使用<div>标签定义页面不同部分时，有时还需为<div>添加id或者class属性，以表明其中的内容是页面中什么部分的，如下面的代码所示。

```html
<div class="navigation">
    <a href="/">网站主页</a>
    <a href="/article/">文章列表</a>
    <a href="/author/">作者列表</a>
    <a href="/about/">关于本站</a>
</div>
```

### 2.2.3 多媒体和交互标签

在HTML5出现和普及之前，网站往往会使用Flash等插件实现多媒体播放功能，但随着HTML5引入了<video>、<audio>等多媒体标签，现代浏览器可以直接播放越来越多的多媒体格式文件。

<canvas>和<svg>这样的画布标签给HTML5提供了强大的绘图功能，不仅可以使用代码精确地描述图形，还能兼顾渲染性能。这些标签在游戏、图表类应用中得到了广泛应用。HTML5为表单<input>标签提供了更多类型，可以指定用户输入数字、时间、电子邮箱地址等格式，并由浏览器提供校验和提示用户的功能。例如，下面的代码定义了电子邮件类型的输入框和提交按钮。

```html
<form>
    <input type="email">
    <input type="submit">
</form>
```

当表单提交时，如果浏览器支持提供校验和提示用户的功能，则自动校验输入框中的内容，并给出提示。用户输入的内容不符合要求时，示例效果如图2.8所示。

图 2.8　示例效果

之前单击后显示更多内容、弹出对话框等功能通常需要借助JavaScript实现。但在HTML5中引入<details>、<summary>和<dialog>等标签后，HTML5具备了很多交互功能，这意味着实现这些交互功能不再需要引入JavaScript代码。

## 2.3 HTML5的标签属性

标签属性可以用于控制标签行为和功能，通常以"属性名"加"属性值"的形式写在开始标签中。

< 26 >

### 2.3.1　全局属性

不同标签通常会有特定的属性用于控制其功能和行为。全局属性是可以用于控制任何标签的属性。

用于标记和选择的全局属性有id和class，它们可以赋予标签或元素代号。这些代号可用于代指标签或元素。id属性和class属性的区别是，id属性必须是全局唯一的，即同一个HTML5文档中不得出现重复的id属性。class属性则允许重复，而且一个标签可以有多个class属性。

hidden属性代表元素是否被隐藏，如果元素被隐藏，就不会被浏览器渲染和显示。

style属性用于描述元素的CSS属性。下面的代码展示了id、class和style属性在<p>、<ul>和<li>标签中的用法。

```
<p id="address">北京市海淀区</p>
<ul id="park-list" style="font-size: 20px;">
    <li class="park">颐和园</li>
    <li class="park">圆明园</li>
    <li class="park">香山</li>
    <li hidden="true">更多</li>
</ul>
```

### 2.3.2　尺寸相关属性

<canvas>、<iframe>、<img>、<video>等标签可以通过height、width属性指定显示的尺寸，支持多种单位。

常见的单位有cm、mm、in、pt、pc等绝对单位。其中cm和mm分别是厘米和毫米，in是英寸（inch），1in等于2.54cm，1pt 等于$\frac{1}{72}$in，1pc等于12pt。

相对单位有em，它指的是相对于当前字号的关系，比如2em表示当前字号的两倍；还有以%结尾的百分比，表示和父元素的相对大小。

size属性可以指定<input>、<select>标签的尺寸。下面的代码创建了两个大小不同的输入框。

```
<input size="10">
<input size="20">
```

> **！注意**
>
> 对于其他标签，可以使用CSS指定其显示尺寸。

### 2.3.3　表单的属性

name属性用于标识表单内的输入标签，如<input>标签。表单提交的数据中包含name属性值和输入的值，处理表单输入时，需要通过name属性值找到对应的输入值。

for属性用于给<label>标签绑定对应的<input>标签。下面的代码展示了在表单中通过<label>标签的for属性绑定<input>标签的示例。

```
<form>
    <label for="input_fullname">姓名</label>
    <input type="text" name="fullname" id="input_fullname">
    <br>
    <p>年龄段</p>
    <label for="under_18">18岁以下</label>
```

< 27 >

```
<input type="radio" name="age" id="under_18" value="0-18">
<br>
<label>18岁到60岁
    <input type="radio" name="age" value="18-60">
</label>
<br>
<label>60岁以上</label>
<input type="radio" name="age" id="above_60" value="60+">
<br>
</form>
```

  <label>标签绑定<input>标签后，单击<label>标签即可选中对应的<input>标签，这对于type为radio或checkbox的<input>标签比较有用。上面代码中的第一个输入字段是文本类型的，其元素id是input_fullname，对应的<label>标签的for属性设置为input_fullname把它们绑定起来。

  通过name属性为age的3个radio类型的<input>标签设置"18岁以下""18岁到60岁"和"60岁以上"3个选项。第一个<label>通过for属性绑定到<input>。第二个<label>通过隐式关联绑定到<input>，即相关联的<input>标签在<label>和</label>之间。第三个<label>没有和相对应的<input>关联。显示效果如图2.9所示。

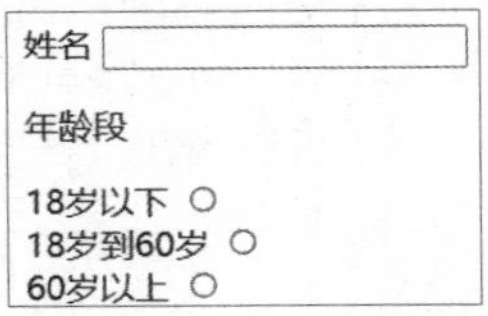

图 2.9　通过 <label> 标签的 for 属性绑定 <input> 标签的结果

  在这个示例中，单击文字"姓名""18岁以下"或"18岁到60岁"都可以选定对应的<input>标签，但单击"60岁以上"没有任何反应，如果需要选择"60岁以上"选项，则需要单击<input>标签本身（即文字右侧的圆圈）。

### 2.3.4　事件处理程序属性

  事件处理程序用于定义某种事件发生后执行的动作。比如元素被单击、<input>的值发生改变、浏览器窗口大小发生变化、表单被提交、键盘事件等。下面的代码用于实现把用户输入内容显示在一个<p>标签中。

```
<input placeholder="请输入内容" onchange="input_value.innerText=this.value">
<p>输入的内容是: </p>
<p id="input_value"></p>
```

  这个页面的效果如图2.10所示。

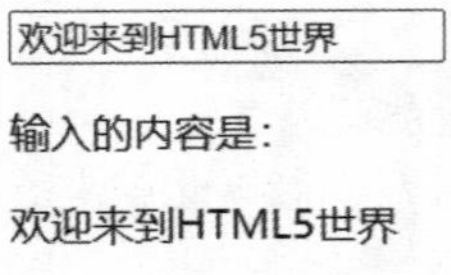

  这里使用的onchange属性用于定义当<input>的值发生改变后要执行的操作。如果希望实现在用户输入过程中更新页面的显示，则可以使用onkeydown或者onkeyup属性，定义按键被按下或者按键弹起时要执行的事件。

图 2.10　把输入内容显示在 <p> 标签中

  另外placeholder属性中的内容将在输入框为空时显示，作为对用户的提示。对于事件的处理，除了使用事件处理程序属性外，还可通过JavaScript绑定属性处理函数。

## 2.4　HTML5标签与元素

  使用浏览器打开HTML5文档后，浏览器根据标签生成相应的元素并根据用户设备将其渲染成图形。

### 2.4.1　标签的渲染

  浏览器会在解析HTML5文档的过程中，把每个HTML5的标签解析成一个DOM节点，再进一步使

< 28 >

用遍历的方法构建以<html>标签为根节点的树形结构。这个树形结构被称为DOM，所有元素都包括在这个树形结构中。

浏览器根据元素的大小、位置属性和显示窗口的大小，通过布局模型确定元素的位置。最终可见元素被绘制在屏幕上。关于DOM的详细介绍见3.1.1小节。

## 2.4.2　查看页面元素

在浏览器中打开的页面上右击并选择"检查"选项，可以查看浏览器根据HTML5文档生成的元素，屏幕上显示的内容可以在这里找到对应的元素。

将下面的一段HTML5代码保存为文件"2.4.2.html"后在浏览器中打开。

```
<meta charset="utf8" />
<article>
        <header>
                <h1>超文本标记语言介绍</h1>
                <time>2023-03-01</time>
        </header>
        <section>
                <p>超文本标记语言即Hyper Text Markup Language, </p>
                <p>缩写为<abbr>HTML</abbr>。</p>
        </section>
</article>
```

右击页面空白处并选择"检查"选项，可以看到开发者工具的"元素"选项卡中列出的页面中的元素，如图2.11所示。

选中元素时，文档中的对应部分会高亮显示，便于对应元素和屏幕上显示的内容。同时可以看到，源代码中并没有出现的<html>、<head>、<body>标签也自动生成了。

## 2.4.3　动态修改HTML5文档

在开发者工具的"元素"选项卡中可以修改当前页面中的元素，修改的内容可以实时反映在文档中。

动态修改HTML5文档，主要是为了开发者可以更加直观便捷地看出修改对页面的直接影响。但需要注意的是，在开发者工具中修改的内容并不会保存在HTML5文件中，这些修改只是暂时的，关闭或刷新页面后，修改的内容就会消失。所以如果需要彻底修改文件内容，则需要在文件中修改。

例如，在浏览器中打开"2.4.2.html"文件，然后为<section>中的"超文本标记语言"增加一个链接，即在"元素"选项卡中新增下面的代码。

图 2.11　开发者工具的"元素"选项卡

```
<a href="https://developer.mozilla.×××/zh-CN/docs/Learn/HTML/Introduction_to_
HTML/Getting_started">
```

将新增的代码放到图2.12所示的位置，在页面中可以看到"超文本标记语言"几个字上新增了一个链接，单击之后可以跳转到指定的页面。此时，可以看到"2.4.2.html"文件中没有新增这段代码。

< 29 >

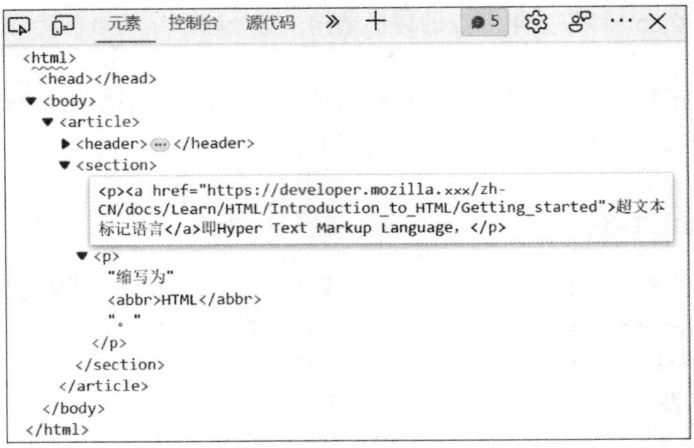

图 2.12　在开发者工具的"元素"选项卡中动态修改 HTML5 文档

# 2.5 HTML5代码嵌入

HTML5文件中可以直接嵌入CSS、JavaScript等类型的代码，它们可以被浏览器直接解析和运行，HTML和这些嵌入式代码共同组成了Web应用开发的框架。

## 2.5.1 JavaScript代码嵌入

JavaScript代码可以出现在<script>标签中，也可以出现标签的某些属性中。例如，2.3.4小节的示例代码使用的onchange属性的内容就作为JavaScript代码运行。下面的代码展示了在HTML5文档中使用<script>标签嵌入JavaScript代码。

```
<p id="content"></p>
<script>
    content.innerText = '通过JavaScript动态生成的文字'; // 修改元素的内容
    alert('欢迎'); // 弹出对话框
</script>
```

HTML5文档中的<p>标签中没有任何内容，执行第一行JavaScript代码会根据id属性找到<p>标签并向<p>标签中插入一行文字。执行第二行JavaScript代码则会弹出一个对话框，其中的内容是"欢迎"。

在HTML5文档中使用<script>标签嵌入JavaScript代码比较方便和直观，但实际上不利于HTML5应用的开发和维护，更好的方法是把JavaScript代码放到单独的文件中，使用<script>标签的src属性直接引用该JavaScript文件。下面的代码展示了通过<script>标签的src属性引入JavaScript文件的方法。

```
<script src="main.js"></script>
```

src属性值是要引入的JavaScript文件的URL。关于JavaScript的更多介绍见第4章和第7章。

## 2.5.2 CSS代码嵌入

CSS代码可以出现在<style>标签中，也可以出现其他标签的style属性中。下面的代码展示了在HTML5代码中嵌入CSS代码的示例。

< 30 >

```
<p>第一行</p>
<p>第二行</p>
<p>第三行</p>
<p>第四行</p>
<p>第五行</p>
<style>
    p:nth-child(2n+1) {
        color: red;
        font: 2em 黑体;
    }
</style>
```

图2.13展示了这段代码的运行效果。

这段嵌入的CSS代码给奇数行的<p>标签设置了更大字号、黑体字体，以及文字颜色为红色。和<script>标签类似，<style>标签支持引入代码文件，可使用属性href实现。对CSS的详细介绍见第5章。

图 2.13　代码运行效果

# 2.6　小结

本章介绍了HTML中的常用标签，如列表、表格、多媒体等标签，并着重介绍了HTML5中新增加的标签，如多媒体标签、画布标签等。读者在学习这些标签的过程中，不仅要从书本中学习相关知识，还要通过实践深刻理解这些标签。本书还介绍了标签相关的属性和渲染等，以及HTML5中的代码嵌入。

通过对本章的学习，读者应该能够使用HTML5标签及其属性等知识创建更为复杂的HTML5页面。

素养课堂

# 2.7　课堂实战——制作HTML5相册

本节将使用基本HTML标签构建HTML5相册页面，将用到标题、图片、分隔线、链接等标签。

## 2.7.1　页面布局

相册的主要功能是展示照片，兼具分类功能。页面上可以先用每个类别的标题开头，后面展示这个类别的照片。为了展示更多照片，可以先显示尺寸较小的照片，单击照片后再展示其大图。

分类标题使用<h1>、<h2>等标签实现，并使用<hr>标签绘制分隔线，使分类更清晰，页面更美观。

```
<!DOCTYPE html>
<html>
<head>
    <meta charset="utf8">
    <title>我的相册</title>
</head>
<body>
    <h1>风景</h1>
```

< 31 >

```
        <hr>
        <h2>秋季</h2>

        <h2>夏季</h2>
        <hr>
        <h1>动物</h1>
        <hr>
        <hr>
</body>
</html>
```

这里将相册的照片分成了两个大类：风景和动物，用<h1>标签显示标题。在风景分类下用<h2>标题显示秋季和夏季两个子类。

## 2.7.2 使用<img>标签显示图片

准备一组照片，为了简便，这里的照片统一使用数字命名。"1.jpg"～"7.jpg"是秋季风景照片，"8.jpg"是夏季风景照片，"9.jpg"和"10.jpg"是动物照片。如果不指定<img>的尺寸，则默认按照原始大小展示照片，这会导致相册照片尺寸不一、凌乱，且不易统一查看，示例代码如下。

```
<img src="1.jpg">
<img src="2.jpg">
```

可使用2.1.7小节介绍过的width和height属性指定照片显示的尺寸。若使用绝对单位，则可能导致在不同设备上照片的显示效果不一致。所以使用百分比设定照片尺寸为父元素的指定比例。

如果同时设定高度和宽度，则可能导致照片比例失真。比如下面的代码，设置照片的宽度和高度均是父元素的一半。

```
<img width="50%" height="50%" src="1.jpg">
```

这样照片的显示比例就取决于父元素的宽高比例。一旦这个比例和照片实际（像素）比例不同，就会导致照片在高或宽上被拉伸或压缩。

所以，可只按照相对尺寸设定照片的宽度，如下面的代码所示。

```
<img width="18%" src="1.jpg">
<img width="18%" src="2.jpg">
<img width="18%" src="3.jpg">
<img width="18%" src="4.jpg">
<img width="18%" src="5.jpg" >
<img width="18%" src="6.jpg">
<img width="18%" src="7.jpg">
```

如果希望每行显示5张照片，就把宽度设为略小于20%的值。按照分类输入设定好width属性的<img>标签，得到的效果如图2.14所示。

每张照片的大小是父元素（这里是body元素）的18%，每行能排列5张照片，照片的高度则按照照片原来的比例自动缩放。

> ⚠ 注意
>
> 因为照片之间有一些距离，如果把照片宽度设为20%，则每行通常只能容纳4张照片。

< 32 >

图 2.14　相册页面的显示效果

### 2.7.3　单击查看原图

给<img>标签外层添加<a>标签，可以给照片添加超链接，把超链接的地址设为照片的地址，即可实现单击照片查看原图的功能。实现代码如下所示。

```
<a href='1.jpg'>
    <img width="18%" src="1.jpg">
</a>
```

打开原图后，可以单击浏览器的后退按钮返回相册页面。

> **！注意**
>
> 在相册页面看到的照片实际上也是原图，只是照片被缩小了。单击照片后，通过超链接直接在浏览器中打开照片文件，实现了查看原图的功能。

## 课后习题

一、选择题

1. 以下哪个选项不是HTML5新添加的标签？（　　　）
    A. <article>　　　　　B. <section>　　　　　C. <video>　　　　　D. <form>
2. 下面不属于多媒体标签的是（　　　）。
    A. <a>　　　　　　　B. <video>　　　　　　C. <img>　　　　　　D. <audio>
3. 通常情况下，现代主流浏览器可以直接打开的文件不包括（　　　）。
    A. 常见流媒体视频文件　　　　　　　　　　B. 常见音频文件
    C. PDF文件　　　　　　　　　　　　　　　D. 可执行文件

< 33 >

4. 下面哪一项不是HTML的全局属性？（　　　）

　　A．style　　　　　　　　B．href　　　　　　　　C．class　　　　　　　　D．id

5. HTML的语义化的好处是（　　　）。

　　A．提高代码可维护性，使页面对于人和机器来说都更容易理解

　　B．强制规定页面每个部分的内容，利于维持页面内容的条理性

　　C．语义标签可以使浏览器完全理解页面内容的含义，提高浏览器运行效率

　　D．语义化有严谨的语法，可以适应多种类型的页面

## 二、判断题

1. HTML5标签名对大小写敏感。　　　　　　　　　　　　　　　　　　　　　　　（　　　）

2. HTML5引入了很多新标签，提高了浏览器功能的丰富程度。　　　　　　　　　（　　　）

3. HTML5增强了浏览器对多媒体文件的支持功能，现代浏览器可以直接播放多种多媒体文件。

　　　　　　　　　　　　　　　　　　　　　　　　　　　　　　　　　　　　　（　　　）

4. HTML的属性可以用于控制标签的行为。　　　　　　　　　　　　　　　　　　（　　　）

5. JavaScript和CSS代码可以出现在HTML文件中，并可以被浏览器解析和运行。　（　　　）

6. 有的HMTL属性只针对特定标签。　　　　　　　　　　　　　　　　　　　　　（　　　）

## 三、上机实验题

1. 利用HTML5的<video>标签播放一个本地的视频文件。

2. 尝试在HTML5相册中添加视频文件。

3. 通过交互标签给HTML5相册增加交互能力。

　　• 单击详情显示内容。

　　• 打开相册时展示对话框，可以是欢迎词或者是网页简介。

< 34 >

# 第**3**章  HTML5中的对象

HTML5文档由标签的嵌套组合而成。浏览器在解析HTML5文档以后，除了生成可视化的界面来与用户进行交互，还会生成文档对象模型（Document Object Model，DOM）的对象系统，方便HTML5文档与程序设计语言的交互。

本章主要涉及的知识点有：

- HTML5中的主要对象；
- 使用window对象获取浏览器窗口大小；
- 获取浏览器信息、操作系统信息；
- 通过DOM访问HTML5文档内容；
- 通过DOM修改HTML5文档内容。

> **！注意**
>
> 本章内容涉及JavaScript程序设计语言。JavaScript通过DOM与HTML5紧密结合，是使用最广泛的程序设计语言之一。

## *3.1*  DOM入门

本节介绍DOM的概念，理解这些概念是学习HTML5与JavaScript的重要基础。本节包括从HTML5到JavaScript的过渡内容。

### 3.1.1  DOM的概念

DOM是HTML向JavaScript提供的编程接口。DOM把HTML5文档中的标签抽象为JavaScript中的对象。如图3.1所示，HTML5文档中的标签都可以通过DOM提供的编程接口进行访问。需要注意的是，DOM不是视图，JavaScript代码通过DOM访问HTML文档中的内容。

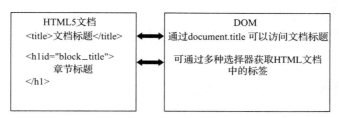

图 3.1　HTML5 文档与 DOM 的对应关系

前面已经介绍过HTML5文档是通过标签的嵌套组合形成的。HTML5文档最外层的标签通常是 `<html>`。`<head>` 标签内是整篇文档的元数据，而 `<body>` 标签内则包含文档的主体内容。例如，下面的HTML5文档。

```
<!DOCTYPE html>
<html>
    <head>
        <title>页面标题</title>
    </head>
    <body>
        <h1 class="heading1">章节标题1</h1>
        <p>段落文字1</p>
        <hr>
        <h1 class="heading1">章节标题2</h1>
        <p>段落文字2</p>
    </body>
</html>
```

以上的HTML5文档大概有3个层次，`<html>` 标签位于最外层，其次分别是 `<head>` 和 `<body>`，它们中又有各自的内容，构成了树形结构。图3.2展示了DOM的树形结构。

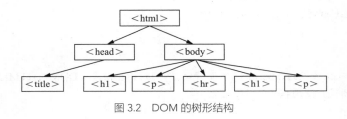

图 3.2　DOM 的树形结构

所以，DOM也常被称为DOM树，因为它通常具有树形结构。DOM提供了通过这种树形的层次结构访问HTML5标签的功能。

## 3.1.2　通过DOM访问元素

document对象是页面全局对象，是自动生成的，也就是说，浏览器解析每个页面后都会自动生成一个document对象。document对象对应HTML5文档中的HTML5标签。所以document对象拥有head和body两个子对象。document、head和body是每个HTML5文档都必须有的，它们拥有固定的访问方式。

但 `<body>` 标签中并不一定会有 `<h1>` 标签，所以从body向下的访问接口可通过children数组访问，document.body.childElementCount反映了 `<body>` 标签中的元素个数。对于上面的示例，document.body.childElementCount的值应为5。通过document.body.children[0]可以访问 `<body>` 标签中的第一个元素，也就是文档中的第一个 `<h1>` 标签。

`<h1>` 同样拥有childElementCount、children这些属性，所以只要是在HTML文档中的标签，就一定可以通过以上的方法访问到。

## 3.1.3　通过HTML选择器访问元素

复杂的HTML5文档或者DOM会有多层错综复杂的结构，在这种情况下，通过层次结构访问元素很不方便。HTML选择器根据规则选定元素，这提供了根据DOM选择元素之外的另一种方法。

< 36 >

　　HTML提供了多种选择特定元素的方法，比如按照标签属性选择，其中常用的是根据id属性、name属性和class属性选择，还可以通过标签名选择。需要注意的是，选择元素与访问元素不同，选择是指找出特定元素，而访问是指读取元素，只有先选择元素，才可以访问元素。document对象有getElementById方法，通过该方法可根据一个字符串表示的id获取当前HTML文档中的一个元素。另外通过getElementsByName和getElementsByTagName方法可以分别根据name属性和标签名获取HTML文档中的一个或多个元素。使用getElementById方法得到的是一个元素，使用getElementsByName方法得到的是一个元素数组。下面的代码演示了上述方法的使用方法。

```
<p id="text1">文字1</p>
<p id="text2">文字2</p>
<input name="input1" value="输入1">
<script>
    document.getElementById('text1'); // 选定第一个p元素
    document.getElementById('text2'); // 选定第二个p元素
    document.getElementsByName('input1')[0]; // 选定input元素
    document.getElementsByTagName('p'); // 选定所有p元素
</script>
```

　　除此之外还有querySelector和querySelectorAll两个方法，通过它们可使用CSS选择器选择页面内的元素，CSS选择器的介绍见5.2节。

⚠️ 注意

　　通常来说，单个HTML5文档中的id属性是唯一的，即不能有两个不同元素拥有相同的id属性，而class属性则允许重复。

# 3.2　window对象

　　window对象是代表浏览器窗口的全局对象，提供与浏览器窗口交互的功能。window对象包含DOM对象document。通过window对象的属性可以获取浏览器窗口的各种信息；通过对window对象的操作，也可以实现对浏览器窗口的操作。

⚠️ 注意

　　全局对象window无须定义或者声明就可在任意位置访问到，该对象名称是小写的，且末尾没有s。

## 3.2.1　通过window对象获取浏览器窗口大小

　　很多时候需根据浏览器窗口显示区域的大小决定其内容的多少和布局，从而实现最佳的展示效果。可以通过window对象的属性获取浏览器窗口大小，与浏览器窗口大小相关的属性如下。
　　（1）window.innerHeight：浏览器窗口内高度。
　　（2）window.innerWidth：浏览器窗口内宽度。
　　（3）window.outerHeight：浏览器窗口外高度。
　　（4）window.outerWidth：浏览器窗口外宽度。
　　其中innerHeight和innerWidth反映的是实际显示区域的大小。outerHeight和outerWidth反映的是浏览器窗口外部的大小，其中可能包含标签栏、书签栏、工具栏等浏览器自身的相关组件的大小。

< 37 >

以上4个属性都是只读的，也就是说，无法通过代码修改它们的值，也不能通过它们控制浏览器窗口的大小。在通过它们获取到需要的值后，调整HTML元素的大小和布局方式，从而使HTML元素更好地适应浏览器窗口的大小。下面的代码使用alert方法在弹窗中显示当前浏览器窗口的宽度和高度。

```
<meta charset="utf8" />
<script>
    alert("窗口的高度是" + window.innerHeight + "px");
    alert("窗口的宽度是" + window.innerWidth + "px");
</script>
```

## 3.2.2　通过window对象获取浏览器窗口相对位置

当页面内容的宽度（或高度）超过浏览器窗口的宽度（或高度）时，浏览器窗口只显示当前窗口内可容纳的内容，同时显示滚动条，允许用户滚动窗口从而浏览完整的内容。通过window对象可以获取滚动条的位置，结合浏览器窗口大小相关的属性，可以得出用户当前所看到的内容范围。与浏览器窗口相对位置相关的属性如下。

（1）window.screenX或window.screenLeft：浏览器窗口距屏幕左端的距离。

（2）window.screenY或window.screenTop：浏览器窗口距屏幕顶端的距离。

（3）window.scrollX：浏览器窗口水平方向上（从左端）滚动的距离。

（4）window.scrollY：浏览器窗口垂直方向上（从顶端）滚动的距离。

同样地，以上属性都是只读的，不能修改。下面的代码用alert方法在弹窗中显示上述属性值。

```
<meta charset="utf8" />
<script>
    alert("window.screenX=" + window.screenX + "px");
    alert("window.screenY=" + window.screenY + "px");
    alert("window.scrollX=" + window.scrollX + "px");
    alert("window.scrollY=" + window.scrollY + "px");
</script>
```

## 3.2.3　通过window对象与用户交互

除了只读属性，window对象还提供了一些方法供调用，通过对方法的调用，可以与用户进行交互。与用户交互简单地说，就是向用户传递信息和从用户那里获取信息（即获取用户输入）。

如果需要通过弹窗通知用户某些信息，或者额外获取用户的一些反馈，则可以使用window.alert、window.confirm和window.prompt方法。其中alert方法用于弹出一个包含自定义文本的窗口。confirm方法在弹出窗口的同时，提供确认和取消两个按钮供用户单击，并且可以返回用户单击的结果。prompt方法在显示自定义文本的同时，允许用户输入一段文本内容，并返回给方法调用者。

可以在HTML5文档中插入下面的代码，调用alert、confirm与prompt方法。

```
<script>
    alert('来自网页的问候');
    let result = confirm('来自网页的询问');
    alert('您刚刚单击的结果是：' + result);
    result = prompt('请输入文字：');
    alert('您刚刚输入的文字是：' + result);
</script>
```

在Edge浏览器中运行上面代码的效果如图3.3所示。

< 38 >

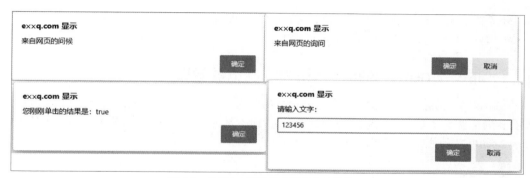

图 3.3　在 Edge 浏览器中运行代码的效果

在不同浏览器中，弹窗的具体样式可能不同，这不仅取决于浏览器类型和版本，也受操作系统、语言设置的影响。比如按钮上的文字和第一行的提示语（可能没有，可能显示其他提示语）可能受到系统语言设置的影响。

⚠️ 注意

　　alert、confirm、prompt方法可以有效地向用户传递重要的信息，但也有缺点，首先它会暂停运行当前页面中的代码，直到弹窗被关闭；其次用户可以选择屏蔽这些弹窗，这样用户将无法看到用这些方法传递的信息。

除了传递简单的文本消息外，通过showOpenFilePicker、showDirectoryPicker和showSaveFilePicker方法还可以让用户在计算机上选择并打开文件或目录，以及保存内容到指定文件。

## 3.2.4　通过window对象滚动到指定位置

3.2.2小节讲到可以通过window对象的属性读取当前浏览器窗口滚动的距离，但并不可直接修改相应属性来改变浏览器窗口滚动的距离。当需要滚动浏览器窗口时，可通过window对象提供的方法实现。

window.scrollTo方法支持通过传入两个数字把浏览器窗口滚动到指定的坐标。其中第一个数字是水平方向上要滚动到的位置，第二个数字是垂直方向上要滚动到的位置。

或者传入一个option对象，这样不仅可以控制要滚动到的位置，还可以控制滚动动作的效果。option对象有3个属性：top、left和behavior。left和top即水平方向上要滚动到的位置和垂直方向上要滚动到的位置。behavior的值可以为smooth（即平滑的滚动）、instant（即瞬间跳转）或者auto（即由浏览器自行决定）。

两种方法的示例代码如下。

```
<script>
    window.scrollTo(0, 500);
    window.scrollTo({
        left: 0,
        top: 500,
        behavior: 'instant'
    });
</script>
```

另外还可以使用scrollBy方法，它需要传入一个增量。比如使用scrollTo方法时，只希望浏览器窗口在垂直方向上滚动，那么需要先检查原来水平方向上的滚动状态，由于scrollBy的参数是增量，所

< 39 >

以如果不希望改变原来方向上的滚动状态，则直接传入0即可。

scrollBy同样支持传入两个数字和option对象。

## 3.2.5 通过window对象打开和关闭浏览器窗口

window对象还提供了打开或关闭浏览器窗口的功能。通过<a>标签的target属性可以实现单击<a>标签在新浏览器窗口（或者标签页）中打开链接，而不是直接在当前浏览器窗口中打开链接。通过window.open可以实现同样的效果，示例代码如下。

```
<script>
    window.open('https://e××q.com')
</script>
```

以上代码可实现直接在新浏览器窗口中打开参数指定的页面。但window.open方法需要谨慎使用，因为使用它打开新页面时通常没有提示，如果未经过用户确认就打开新页面可能导致用户体验不佳。

window.close方法则可以直接关闭当前浏览器窗口（如果是多标签页浏览器窗口，则只关闭当前标签页），同样需要谨慎使用。

## 3.2.6 通过window对象实现Base64编码解码

window对象还提供了许多通用功能。btoa和atob方法分别用于实现字符串的Base64编码和解码功能。下面的代码演示了这两个方法的使用方法。

```
<script>
    let x = window.btoa('https://e××q.com');      // 进行Base64编码
    let y = window.atob(x);                        // 进行Base64解码
</script>
```

其中x的值是"aHR0cHM6Ly9lczJxLmNvbQ=="，y的值是原始内容"https://e××q.com"。Base64编码可以将任意的二进制数据编码为普通字符串，即将其转换为可见的ASCII（American Standard Code for Information Interchange，美国信息交换标准代码）字符（不包含控制字符等特殊字符）。

但btoa方法不能直接处理中文。如果需要处理中文等Unicode字符，则需要使用window.encodeURIComponent方法，先对中文字符编码进行转义，然后使用btoa方法进行Base64编码。

比如执行window.btoa('你好')会出错，而window.btoa(encodeURIComponent('你好'))能执行成功。这时候除了atob方法外，还需要使用window.decodeURIComponent方法解码才能得到原来的内容。

### ⚠ 注意

使用window.decodeURIComponent方法得到的并非原始内容的Base64编码，而是使用window.encodeURIComponent转义后的内容的Base64编码。

## 3.2.7 window对象的子对象

window对象包含众多的属性、方法和子对象。window对象是一个全局对象，所以它的子对象、方法和属性也都是全局的。它的子对象有document（代表整个DOM）、navigator（代表浏览器）、location（代表当前浏览的地址）、Console（代表控制台）、History（代表浏览历史）。这些子对象的功能繁多且都很重要，下面介绍window对象的子对象的使用方法。

< 40 >

# 3.3 document对象

　　document对象是window对象的子对象。window对象对应浏览器的窗口，通常我们只能获取浏览器窗口的信息和调用window对象的方法实现与用户交互。document对象对应的是DOM树，通过对document对象的修改，可以动态修改浏览器窗口中的内容，对HTML5文档中元素的选择也可通过document对象实现。document对象对于HTML5页面开发至关重要。

## 3.3.1　document对象的属性

　　document对象对应整个DOM，它是整个页面的可视部分。通过document对象可以选择页面内容、读取页面内容和修改页面内容。

　　document.URL或者document.documentURI可以读取当前页面的地址。这两个属性是只读的。

　　document.activeElement可以获取当前被激活的HTML5元素，它对于获取当前用户操作，以及实现用户交互很有用处。

　　3.1.2小节已经介绍过document对象的childElementCount与children属性。children是包含子元素的数组，childElementCount表示子元素数量，也就是数组长度。这两个属性也是\<body\>等其他所有HTML5标签都具有的属性。document.children可能包含\<html\>标签，如果document.children[0]表示\<html\>标签，那么它同样具有childElementCount和children属性。

　　通过document.characterSet可以获取当前文档使用的字符集，较常用的是UTF-8字符集，对于中文页面，常用的字符集还有GBK等。通过document.contentType可以获取页面的内容类型，对于HTML5文档，该属性的值通常是"text/html"。该属性同样是只读的。下面的代码通过alert方法显示当前HTML文档使用的字符集。

```
<script>
    alert("document.characterSet=" + document.characterSet);
</script>
```

## 3.3.2　通过document对象选择元素

　　document.body对应HTML页面的body元素。一般来说，body元素是页面主体内容的根元素，所有或者绝大多数的可视元素都位于body元素中。如果页面对应的代码中没有\<body\>标签，则浏览器渲染页面时往往会自动生成它。而document.head对应HTML文档的head元素。

　　document.images可返回当前HTML文档中的所有图片标签。document.links属性可返回HTML文档中的所有链接。document.scripts属性可返回HTML文档中的所有\<script\>标签。document.forms属性可返回HTML文档中的所有表单元素。下面的代码通过alert方法显示当前HTML页面中表单和\<script\>标签的个数。

```
<meta charset="utf8" />
<form>
    <input>
</form>
<form>
    <input>
</form>
<script>
    alert("当前页面有" + document.forms.length + "个表单");
    alert("当前页面有" + document.scripts.length + "个<script>标签");
</script>
```

< 41 >

### 3.3.3 选择元素

浏览器会生成与id同名的全局变量，可以直接在当前页面嵌入的JavaScript代码中引用它们。但id属性是任意的字符串，所以id属性不一定符合JavaScript的命名规范。通常通过document.getElementById (String id)方法直接获取id对应的元素。document对象提供另外3个方法：getElementsByTagName、getElementsByClassName、getElementsByName，使用它们可以通过标签名、class或者name属性选择元素。不同于id属性，这些都是允许重复的，所以这3个方法可以返回多个元素，返回结果是数组。3.1.3小节已经介绍过元素选择的方法，这里不再重复。

### 3.3.4 通过createElement和append修改页面

createElement方法用于创建新的元素对象，append方法则用于把创建的元素插入页面中。

通过alert方法生成的弹窗常用于提醒用户一些需要响应的状况，不太适合向用户传达需要保留的信息，因为单击确定按钮，消息就消失了，且无从查找。下面的代码通过createElement和append两个方法，把窗口大小信息显示在页面中。

```
<meta charset='utf8'>
<body></body>
<script>
    let width = window.innerWidth;   // 窗口内宽度
    let height = window.innerHeight; // 窗口内高度
    let h1 = document.createElement('h1');
    h1.innerText = "窗口内宽度是: " + width + "px\n" + "窗口内高度是: " + height + "px\n";
    document.body.append(h1);
</script>
```

上述的代码不会弹出打扰用户的弹窗，还可以持久保留页面中的信息。填充到页面内的信息是载入页面时通过window对象获取的。

这里还用到了HTML对象的innerText属性，该属性可读也可修改，表示HTML元素中的文字内容。还有innerHTML属性，该属性同样可修改，表示HTML元素内的HTML内容。innerHTML包含innerText的内容，但innerText只包含纯文本的信息。

通过innerHTML可以不使用createElement而直接修改页面的HTML元素，但需要拼接字符串得到合法的HTML内容。对上述代码可以做如下改动。

```
<meta charset='utf8'>
<body></body>
<script>
    let width = window.innerWidth;   // 窗口内宽度
    let height = window.innerHeight; // 窗口内高度
    document.body.innerHTML = "<h1>窗口内宽度是: " + width + "px\n" + "窗口内高度是:
    " + height + "px\n</h1>";
</script>
```

以上代码通过修改document.body.innerHTML的内容，实现了向页面输出新内容的功能。代码中，提示信息首尾的<h1>和</h1>将使该信息被渲染为一级标题。

# 3.4 console对象

console对象对应开发者工具中的控制台，可以用于输出调试信息。普通用户很少打开控制台，所以一

< 42 >

般不会看到这里输出的内容。但这些输出内容对于调试非常重要。开发人员可以在这里输出代码调试信息。

## 3.4.1　通过console输出日志

常用的输出方法是console.log。该方法不仅可以输出文本信息，还可以直接输出JavaScript中的对象，输出的对象可以直接在控制台中查看，有的浏览器甚至提供了保存输出的对象为全局变量的功能，以便继续进行交互式调试。下面的代码用于输出浏览器窗口的高度、宽度和window对象。

```
<meta charset="utf8" />
<script>
    console.log("窗口的高度是" + window.innerHeight + "px");
    console.log("窗口的宽度是" + window.innerWidth + "px");
    console.log(window);
</script>
```

前两个console.log方法输出的是字符串，第三个console.log方法直接输出了window对象，可以在浏览器的开发者工具的控制台中查看这个对象的属性，还可以把输出的对象保存为全局变量，可手动输入命令引用它。

## 3.4.2　通过console调试

console.assert提供了断言功能，即console.assert可以接收一个参数，如果该参数为false，则程序终止运行并提示错误信息；如果该参数为true，则什么也不发生。assert的参数往往是一个条件判断表达式，这个表达式按照开发者的期望应该永远为真。

console.time和console.timeLog提供了计时功能。console.time接收一个字符串参数，用于创建一个计时器。调用console.timeLog时，传入与console.time的参数相同的字符串，即可输出两次调用计时器间隔的时间。

下面代码中的第2行JavaScript代码断言Math.PI（即圆周率）大于3，因为圆周率是一个介于3和4之间的常数，所以这个断言永远成立。

```
<script>
    console.assert(Math.PI > 3); // 断言圆周率大于3
</script>
```

## *3.5*　location对象

location对象用于与浏览器的地址进行交互。介绍document对象时提到过documentURI和URL属性，它们都可以读取当前页面的地址，但无法改变地址。location对象不仅可以改变页面的地址，还可以对页面的地址做分解，便于更好地读取地址中各个部分的信息。

## 3.5.1　通过location对象跳转页面

location.href属性可以读取当前正在访问的页面的地址。修改这个值可以实现页面跳转，代码如下所示。

```
<script>
  location.href = 'https://e××q.com/html5/';
</script>
```

< 43 >

以上代码实现了跳转到指定页面。

> **注意**
>
> 应该慎用这个属性实现页面跳转，因为它完全不提示用户就完成了页面的跳转，可能导致用户体验差。

location.reload方法可以直接刷新当前页面。该方法也不会对用户有任何提示，但通常执行这样的操作时，需要提醒用户或征求用户的同意。

## 3.5.2 通过location对象读取页面地址

location.href可以获取当前页面的完整地址。location.host可以获取当前页面的主机名。location.pathname可以获取当前页面的路径名。location.protocol可以获取当前页面使用的协议。location.search可以获取当前页面的query参数。location.hash可以获取当前页面的URL的hash信息。location.port可以获取当前页面的URL的主机的端口号。下面的代码演示了上述属性的用法。

```
<script>
    console.log("location.href=" + location.href);
    console.log("location.host=" + location.host);
    console.log("location.pathname=" + location.pathname);
    console.log("location.protocol=" + location.protocol);
    console.log("location.search=" + location.search);
    console.log("location.hash=" + location.hash);
    console.log("location.port=" + location.port);
</script>
```

## 3.5.3 通过location对象获取URL参数

URL参数主要有query和hash。通常来说，query的值改变会导致浏览器页面的刷新，而hash的值改变则不会引发浏览器页面的刷新。可以通过处理字符串的方式从URL中提取参数。如果页面的hash参数为整数，则可以通过下面的代码获取这个整数作为参数。

```
<script>
    let cnt = parseInt(window.location.hash.substr(1));
</script>
```

substr是提取子字符串的方法，这里用于去掉hash参数的第一个字符#。

# 3.6 navigator对象

navigator对象代表浏览器，通过navigator对象可以获得关于浏览器的信息，如浏览器版本、浏览器运行的操作系统等多种信息。

## 3.6.1 通过navigator对象获取浏览器信息

navigator.userAgent是一个字符串，它包含浏览器的User Agent信息，User Agent信息会包含在浏

< 44 >

览器发送给服务器的HTTP请求头中，常用来区分浏览器和操作系统。User Agent信息示例如下。

```
'Mozilla/5.0 (Windows NT 10.0; Win64; x64) AppleWebKit/537.36 (KHTML, like Gecko)
 Chrome/95.0.4638.69 Safari/537.36 Edg/95.0.1020.53'
```

navigator.language用于返回当前浏览器使用的语言，如果是中文，则返回'zh-CN'，如果是美式英语，则返回'en-US'。

navigator.platform用于返回用户浏览器运行的系统平台名称。

### 3.6.2　navigator对象的应用

navigator对象有多种应用，比如区分设备的操作系统和浏览器版本。如今浏览网页的设备多种多样，通过navigator对象获取的信息可以区分不同设备，并在界面上予以不同的优化，以提升用户体验。

另外这些信息还可以用于识别非常规用户，比如使用一些浏览器自动控制工具（如Selenium工具），通常会在navigator对象中留下特殊信息。

## 3.7　小结

本章介绍了HTML5中的对象，它们是HTML和JavaScript沟通的"桥梁"。使用这些对象，JavaScript可以方便高效地操作HTML5页面，HTML也可以获得JavaScript动态的功能。

素养课堂

从JavaScript的角度看，HTML5文档是一个动态的DOM，用户的操作可以看成DOM的属性的变化。JavaScript监听DOM的变化来获取用户进行的操作，并根据用户操作做出反馈。JavaScript可以通过修改DOM把动态的页面变化呈现给用户。

## 3.8　课堂实战——开发显示浏览器信息的HTML5程序

综合本章内容开发一个HTML5程序，它可以动态获取信息，并把这些信息展示给用户，还可以动态修改页面元素。

### 3.8.1　背景介绍

开发一个单页面的HTML5程序，利用navigator对象获取浏览器和操作系统信息，使用document对象将它们显示在页面上。

需要显示的信息有当前页面的地址、用户计算机的系统平台，用户浏览器的User Agent信息。

### 3.8.2　获取信息

可以通过location.href或document.URL获取当前页面地址信息。通过navigator.userAgent获取浏览器的User Agent信息。通过navigator.platform获取用户浏览器运行的系统平台名称代码如下所示。

```
<script>
    let url = location.href;
    let ua = navigator.userAgent;
```

< 45 >

```
    let platform = navigator.platform;
</script>
```

### 3.8.3　显示信息

通过document.body把获取到的信息显示在页面中，代码如下所示。

```
<meta charset='utf8'>
<body>
</body>
<script>
    let url = location.href;
    let ua = navigator.userAgent;
    let platform = navigator.platform;
    document.body.innerHTML += '<p>系统平台: ' + platform + '</p>';
    document.body.innerHTML += '<p>User Agent: ' + ua + '</p>';
    document.body.innerHTML += '<p>当前访问: ' + url + '</p>';
</script>
```

运行结果如图3.4所示。

图 3.4　代码在浏览器设备模拟器中的运行结果

## 3.9　课堂实战——2048小游戏：开发自动适应窗口大小的界面

本节将开发一个自动适应窗口大小的HTML5游戏界面，如棋类游戏的棋盘、2048或数独类游戏的方格都可以用同样的技术实现。在该游戏界面加载时，自动调整方格使其最大化地充满窗口的宽或高。

### 3.9.1　游戏背景介绍

HTML5常用来开发游戏、数据大屏等应用类页面。这类页面可能在不同尺寸的窗口上显示。如何在这些窗口上均能实现良好的显示效果是一个非常重要的问题。图3.5和图3.6分别展示了一个五子棋游戏HTML5页面在Chrome浏览器的设备仿真中的iPad Pro竖屏和横屏两种状态下的显示效果。

该HTML5小游戏页面由棋盘、清除（Clear All）按钮、棋局情况提示区（以下简称提示区）组成。棋盘是页面的主体内容，是正方形的区域，清除按钮和提示区是次要内容。该HTML5小游戏页面的自适应逻辑是：棋盘和消除按钮的位置固定，提示区会自适应地填入页面的空白处。棋盘会充满窗口的宽或高，紧靠窗口上边和左边，消除按钮位于棋盘正下，靠近窗口左边。如果窗口的高度大于宽度，则提示区被布局在窗口下方。如果窗口的宽度大于高度，则提示区被布局在窗口右侧。该程序的特点是：根据窗口大小调整页面内元素的尺寸，提高页面利用率，增强用户操作的便利性；页面布局根据窗口比例动态调整，在保持页面布局相对统一的前提下，更好地利用窗口，减少空白，提高信息传递效率。

< 46 >

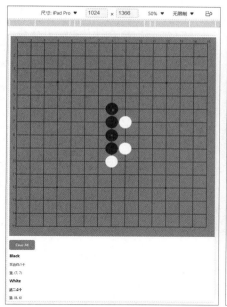

图 3.5　五子棋游戏 HTML5 页面在 iPad Pro
竖屏时的模拟显示效果

图 3.6　五子棋游戏 HTML5 页面在 iPad Pro
横屏时的模拟显示效果

## 3.9.2　2048小游戏界面

2048小游戏界面通常是一个4×4的正方形。从本小节开始，将一步一步开发一个可以真正运行的2048小游戏。这个小游戏可以适应计算机、手机、平板电脑等不同设备的窗口。本小节将制作一个空的2048小游戏界面的背景，要求界面背景必须充满窗口。请设计并使用HTML5的<svg>标签制作一个宽或高充满窗口的正方形界面，暂不绘制4×4的方格。最终效果如图3.7所示。

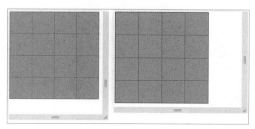

图 3.7　2048 小游戏界面在竖屏和横屏时的显示效果

当窗口高度大于宽度时，游戏界面充满窗口的宽，并在下方留出空白。当窗口宽度大于高度时，游戏界面充满窗口的高，而且可能会在浏览器窗口中出现滚动条。

> **！注意**
>
> 一旦浏览器窗口中内容的大小超过或非常接近浏览器窗口大小，浏览器可能自动生成滚动条。

## 3.9.3　获取窗口大小判断窗口比例

3.2.1小节已经介绍过通过window对象获取浏览器窗口大小的方法。一般来说，开发人员不必

< 47 >

关心浏览器窗口外部大小，只需要关注浏览器窗口内部大小，即展示内容区域的大小。编写下面的代码，把窗口宽度、高度保存在变量中，比较它们的大小并生成提示内容，使用alert方法提示用户。

```
<meta charset='utf8'>
<script>
    let width = window.innerWidth;   // 窗口内宽度
    let height = window.innerHeight; // 窗口内高度
    let msg = ""    // 关于窗口宽度、高度的提示信息，先设为空字符串
    if (width > height) {
        msg = "窗口宽度大于高度";
    }
    else if (width < height) {
        msg = "窗口高度大于宽度";
    }
    else {
        msg = "窗口宽度、高度相等";
    }
    alert("窗口宽度是: " + width + "px\n" + "窗口高度是: " + height + "px\n" + msg);
</script>
```

在浏览器中运行以上代码，若使用开发者工具模拟iPad Pro竖屏状态的屏幕，则可以看到程序正确显示了浏览器窗口的大小，并判断出了窗口高度大于宽度，如图3.8所示，可以根据这样的判断结果对窗口进行不同的布局。

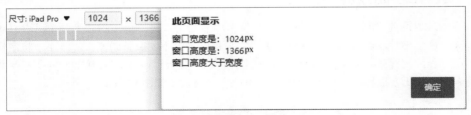

图 3.8　代码运行结果

获取到窗口宽度、高度后，可以根据此信息设置元素的大小甚至位置关系。这里获取到的数据的单位是px。

### 3.9.4　窗口大小与页面布局

对于单页面HTML5应用，有的可以设置为全屏不可滚动的入口页，如很多词典App首页无法滚动，先罗列查词的输入区域，继而罗列App的各种功能入口。

现在大量的购物软件、内容软件（如新闻客户端、音乐客户端软件）的首页宽度往往与窗口宽度完全匹配，但可以纵向滚动以展示更多内容。地图软件则令显示区域与窗口匹配，并允许用户向任意方向滚动。

短视频App的每页都显示一个铺满窗口的视频，用户通过滑动可在不同的视频间切换。上述种种情况均需要在应用或页面初始化时获取窗口高度，并根据设计进行布局，由于不同设备屏幕尺寸的差异，这些设置很难作为固定参数预先指定。

可在页面中插入元素，但并不设定其大小。待页面载入后，通过JavaScript代码获取窗口大小，再对元素的大小进行设定和调整。甚至可以不在页面中插入元素，直接在获取窗口大小后动态生成元素。

< 48 >

　　在本例中，先插入svg元素，并设置元素的id属性。但这些元素的宽度、高度等属性都不设定，待页面加载后，获取到浏览器窗口大小时，再为svg元素设置宽度、高度，并制作实际显示的内容（即4×4的方格）。

```
<meta charset='utf8'>
<svg id='svg'>
  <g id="g1"></g>
  <g id="g2"></g>
</svg>
<script>
    let width = window.innerWidth;   // 窗口内宽度
    let height = window.innerHeight; // 窗口内高度
    let msg = ""    // 关于窗口宽度、高度的提示信息，先设为空字符串
    if (width > height) {
        msg = "窗口宽度大于高度";
    }
    else if (width < height) {
        msg = "窗口高度大于宽度";
    }
    else {
        msg = "窗口宽度、高度相等";
    }
     alert("窗口宽度是: " + width + "px\n" + "窗口高度是: " + height + "px\n" +
msg);
</script>
```

　　上面的代码定义了一个svg元素和该元素中的两个g元素。第一个g元素中将放置方格的背景元素。第二个g元素中将放置按照4×4排列的16个小方格。

## 3.9.5　设置svg元素的宽度、高度与背景

　　可以根据元素的id属性来选择元素。由于浏览器会自动生成与元素id同名的全局变量，因此可直接使用该全局变量名操作对应的HTML5元素。实现代码如下所示。

```
<meta charset='utf8'>
<svg id='svg'>
  <g id="g1"></g>
  <g id="g2"></g>
</svg>
<script>
  let width = window.innerWidth;   // 窗口内宽度
  let height = window.innerHeight; // 窗口内高度
  if (width > height) {
      svg.style.height = height + "px";
      svg.style.width = height + "px";
  }
  else {
      svg.style.height = width + "px";
      svg.style.width = width + "px";
  }
</script>
```

< 49 >

当判断浏览器窗口的宽度大于高度时，设置svg元素的宽度、高度为浏览器窗口高度，否则设置svg元素的宽度、高度为浏览器窗口宽度。但是这样，svg元素没有颜色，无法被看到。所以可以给svg元素设置背景颜色。在以上代码中的"</script>"前添加一句设置背景颜色的代码。

```
svg.style.background='black'
```

将svg元素的背景颜色设为黑色，效果如图3.9所示。

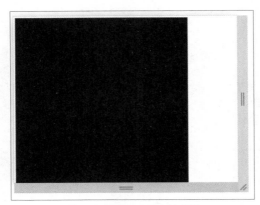

图 3.9　设置 svg 元素的背景

本小节实现了动态设置svg元素的大小。在浏览器窗口中载入页面之时，通过window对象获取浏览器窗口内的高度和宽度。浏览器窗口载入时意味着，本节实现的程序只能获取当前页面载入时浏览器窗口的大小，但对于桌面设备，浏览器窗口大小可能改变，对于移动设备，则面临着屏幕旋转的问题。

本节的设计没有考虑浏览器窗口大小变化的问题，但这对于很多游戏来说已经足够了，浏览器窗口变化需要刷新页面来重新适应屏幕。适应浏览器窗口动态变化也不难做到，后续将持续完善这个项目，直到它变成一个真正可以运行的游戏。

为了更好地组织代码，将width和height变量声明为全局变量，其他代码则包含在getWindowSize函数中，如下所示。

```
<script>
let width;   // 窗口内宽度
let height;  // 窗口内高度
function getWindowSize() {
    width = window.innerWidth;
    height = window.innerHeight;
    if (width > height) {
        svg.style.height = height + "px";
        svg.style.width = height + "px";
    }
    else {
        svg.style.height = width + "px";
        svg.style.width = width + "px";
    }
}
svg.style.background='black';
getWindowSize();
</script>
```

< 50 >

这样修改的好处是，当需要实现适应浏览器窗口动态变化的功能时，可以在检测到浏览器窗口大小变化时调用getWindowSize函数，获取浏览器窗口大小并设置元素大小。

# 3.10 课堂实战——2048小游戏：绘制方格

本节将在3.9节的基础上，在游戏界面中添加方格，并通过本章学习的URL参数实现方格行列数根据参数动态调整的功能。

## 3.10.1 绘制方格

在3.9节中仅绘制了黑色的背景，在本节中将绘制4×4的方格。

```
<meta charset='utf8'>
<svg id='svg'>
  <g id="g1"></g>
  <g id="g2"></g>
</svg>
<script>
let width;   // 窗口内宽度
let height;  // 窗口内高度
let cnt = 4;  // 行列数量
let space = 8; // 方格间的间隔大小
function getWindowSize() {
    width = window.innerWidth;
    height = window.innerHeight;
    let spacex = space * cnt / (cnt + 1);
    let ww = Math.min(width, height) * 0.95;  // 通过 min 方法避免使用 if…else
                                              // 语句来获得宽度和高度中较小的一个值
    let xw = ww / cnt - space;
    svg.style.height = ww + "px";
    svg.style.width = ww + "px";
    g2.innerHTML = '';
    for (let i = 0; i < cnt; i++) {
        let x = i * xw + spacex * (i+1);
        for (let j = 0; j < cnt; j++) {
            let y = j * xw + spacex * (j+1);
            g2.innerHTML += "<rect x='" + x + "' y='" + y + "' width='" + xw +
"' height='" + xw + "' style='fill:#bbada0;stroke-width:1;stroke:rgb(224, 224,
235)'/>";
        }
    }
}
svg.style.background='black';
getWindowSize();
</script>
```

通过修改元素的innerHTML值实现了页面加载后，根据获取到的浏览器窗口大小，计算确定小方格的尺寸和间隔，并把它们添加到svg元素的g元素中。效果如图3.10所示。

< 51 >

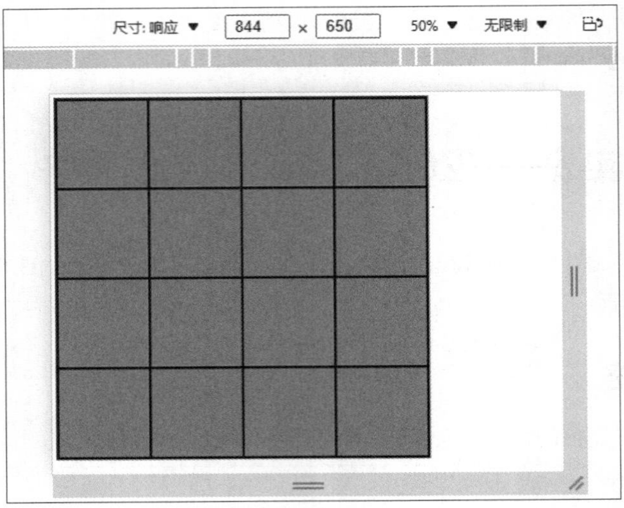

图 3.10　在黑色的背景上绘制 4×4 的小方格

## 3.10.2　通过hash参数实现方格数量的修改

在绘制方格之前，读取URL的hash参数，将其转换为整数，并赋给cnt即可实现方格数量的修改。实现代码如下。

```
<meta charset='utf8'>
<svg id='svg'>
  <g id="g1"></g>
  <g id="g2"></g>
</svg>
<script>
let width;   // 窗口内宽度
let height;  // 窗口内高度
let cnt = 4;
let space = 8;
let spacex = space * cnt / (cnt + 1);
function getWindowSize() {
    width = window.innerWidth;
    height = window.innerHeight;
    if (window.location.hash) {
        cnt = parseInt(window.location.hash.substr(1));
    }
    let spacex = space * cnt / (cnt + 1);
    let ww = Math.min(width, height) * 0.95
    let xw = ww / cnt - space;
    if (width > height) {
        svg.style.height = ww + "px";
        svg.style.width = ww + "px";
    }
    else {
        svg.style.height = ww + "px";
        svg.style.width = ww + "px";
    }
```

< 52 >

```
        g2.innerHTML = '';
        for (let i = 0; i < cnt; i++) {
                let x = i * xw + spacex * (i+1);
                for (let j = 0; j < cnt; j++) {
                        let y = j * xw + spacex * (j+1);
                        g2.innerHTML += "<rect x='" + x + "' y='" + y + "' width='" + xw +
"' height='" + xw + "' style='fill:#bbada0;stroke-width:1;stroke:rgb(224, 224,
235)'/>";
                }
        }
}
svg.style.background='black';
getWindowSize();
</script>
```

　　例如，当hash参数值为#8时，小方格变成了8×8，如图3.11所示，其他各部分都未发生变化。

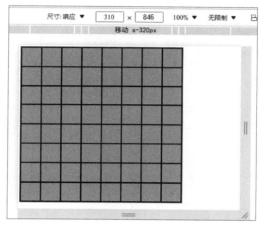

图 3.11　hash 参数值为 #8 时小方格变为 8×8

## 课后习题

一、选择题

1. 返回结果是单个元素的方法是（　　　　）。

   A．getElementBy                       B．getElementById

   C．getElementsByClass             D．getElementsByName

2. 下面不是window对象的子对象的是（　　　　）。

   A．herf          B．document      C．location        D．console

3. 对于动态设定页面布局有帮助的属性是（　　　　）。

   A．window.innerWidth              B．window.innerHeight

   C．window.width                  D．window.height

4. 通过navigator对象无法实现的是（　　　　）。

   A．获取浏览器版本信息            B．获取操作系统类型

   C．获取User Agent信息            D．获取浏览器窗口尺寸

5. 可以动态修改页面内容的方法是（　　　　）。

   A．使用查看源代码功能修改页面源代码并刷新页面

< 53 >

B. 用代码修改元素的innerHTML属性

C. 用代码修改window对象的innerHeight属性

D. 用代码修改页面元素对象的innerHeight属性

## 二、判断题

1. DOM的全称是Document Object Model。 （　　）

2. DOM的元素总是和HTML5文档中的标签一一对应。 （　　）

3. Web开发人员可以通过代码获取浏览器窗口外边距的大小。 （　　）

4. 有很多方法可以判断HTML5页面是否运行在移动设备中。 （　　）

5. 移动设备的界面尺寸、交互方式与PC端有较大区别。 （　　）

## 三、上机实验题

1. 请设计判断当前访问设备是手机还是计算机的页面，并把结果显示在页面中。

2. 请获取和查看手机微信内置浏览器的User Agent，并对比它与手机系统浏览器的差异。

3. 请设计遍历DOM的JavaScrip程序，并把遍历的标签名输出到控制台中。

4. 尝试修改课堂实战开发的2048小游戏中的配色方案。

5. 设计遍历和输出页面中图片地址的程序，并在浏览器中执行。

6. 开发自动适应屏幕大小的视频播放器。

< 54 >

# 第**4**章 JavaScript基础

JavaScript是一种计算机程序设计语言，与标记语言不同，程序设计语言通常用来描述算法逻辑。例如，在HTML5开发中，通常使用JavaScript描述用户的输入应该如何处理。例如，第3章的2048小游戏需要规定用户在屏幕滑动时，程序该怎样计算出方格合并后的结果，怎样更新屏幕上方格中的数字，这些功能可用JavaScript实现。

本章主要涉及的知识点有：

- JavaScript的发展；
- JavaScript的变量；
- JavaScript的运算符；
- JavaScript的流程控制；
- 函数与面向对象技术；
- JavaScript的内置对象。

## 4.1 JavaScript的发展

JavaScript常简称为JS，是一种被设计在浏览器中运行的脚本语言。从1995年开始到如今，绝大多数的网页都在使用JavaScript，从个人计算机到手机、平板电脑这样的移动终端，甚至很多物联网设备都可以运行它。2010年前后，随着Node.js这样的JavaScript运行环境的发展，JavaScript开始应用于服务器和桌面应用领域。

### 4.1.1 JavaScript与Java

Java在1991年开始设计，最初被期望运行在嵌入式设备中。但当时没有合适的硬件可以应用它。根据其设计目标，当时的Java具有对资源要求低、能较好适应不同硬件的优势。

在那时，万维网的页面只由HTML文档构成，网页一旦加载，显示的内容就固定了，无法动态更新，也难以和用户交互。1995年，当时最受欢迎的浏览器的开发商之一网景公司决定开发使网页具备动态交互能力的技术。他们的方案之一就是在HTML5页面中嵌入Java程序。

同时，他们希望开发一种类似Java的脚本语言，这种语言就是如今的JavaScript。但实际上JavaScript是一种全新的语言，在很多方面与Java有明显的不同。

但当时Java和JavaScript都可以在浏览器中运行，用来实现网页与用户实时交互的功能。今天，在浏览器中JavaScript凭借自身的优势几乎完全取代了Java。现代浏览器几乎都不支持直接运行Java程序，而Java主要应用在服务器应用开发、桌面应用开发和安卓应用开发等领域。

判断浏览器是否支持Java，可以使用navigator.javaEnabled方法。代码如下。

```
navigator.javaEnabled()
```

如果浏览器不支持Java，则这个方法的返回结果是false。判断浏览器是否支持JavaScript可以使用HTML的<noscript>标签。如果浏览器支持JavaScript，就会忽略该标签中的内容，如不支持则会显示该标签中的内容。可以用该标签向不支持JavaScript的用户展示提示信息。示例代码如下。

```
<noscript><p>该页面需要使用JavaScript。但您的浏览器不支持JavaScript或未启用JavaScript。
</p></noscript>
<script>
  alert("欢迎访问！");
</script>
```

用支持JavaScript的浏览器打开并运行以上代码，可以看到显示"欢迎访问！"字样的弹窗，而看不到浏览器不支持JavaScript的提示文字。用不支持JavaScript的浏览器运行以上代码，则只能看到文字提示而无欢迎弹窗，如图4.1所示。

图 4.1　在浏览器开发者工具设置中可以禁用 JavaScript

## 4.1.2　JavaScript的标准

JavaScript的标准是ECMAScript或者ECMA-262。ECMA是指ECMA国际（ECMA International），其前身是欧洲计算机制造商协会（European Computer Manufacturers Association）。ECMA国际是一个国际性的计算机行业的标准化组织，它创建了很多计算机领域的标准，如光盘的CD-ROM标准（后来被国际标准化组织批准为ISO 9660）。

ECMAScript标准第一个版本在1997年被ECMA批准。ECMAScript标准规定了JavaScript的语法和基本的应用程序接口（Application Program Interface，API），但没有规定语言的具体实现方法，事实上JavaScript有多种不同的实现方法。

⚠️ 注意

　　ECMA国际是计算机领域的标准化组织，它制定的一些标准被国际标准化组织采纳为国际标准。

ECMAScript标准在不断更新。版本5.1发布于2011年。

< 56 >

版本6发布于2015年，简称为ES6，这一版本中引入了可以声明局部变量的let关键字和声明常量的const关键字，还引入了class关键字用于声明类。

版本7发布于2016年，版本8发布于2017年，版本9发布于2018年，版本10和版本11分别发布于2019和2020年。2021年发布了版本12，2022年发布了版本13。

### 4.1.3　ES6与非浏览器环境

网景公司最初设计JavaScript目的是让网页具有动态更新的功能，JavaScript被设计在浏览器中运行，通过DOM和网页中的元素交互，通过网络接口访问网络资源。

但随着以Node.js为代表的JavaScript运行环境的出现，JavaScript开始应用于更多的领域。Node.js是独立于浏览器的JavaScript运行环境，让JavaScript可以像其他服务器端语言一样开发独立的而不是只能在浏览器中运行的程序。

ES6标准向JavaScript中引入了大量新内容，从功能层面使JavaScript能胜任大规模的软件开发工作。

Electron出现后，JavaScript被广泛用于桌面应用的开发。第1章介绍过的VS Code编辑器就是使用Electron开发的。

### 4.1.4　JavaScript基本语法

前面我们已经使用了JavaScript，在现代浏览器中，JavaScript几乎已经融合在HTML中。

从本小节开始我们将聚焦JavaScript的细节，如它的语法，即弄清楚在JavaScript中什么样的句子是正确的。计算机语言的语法是严格的，如果一个语句的语法错误，那么这个语句就没有意义，也无法执行；如果一个语句的语法是正确的，那么这个语句必然有明确的含义，而且不会有歧义。

JavaScript程序由语句构成，语句又由字面常量（Literals）、标识符（Identifer）和运算符（Operator）构成。下面的一段程序用于计算3+4的结果，并把结果输出到控制台。

```
<script>
 var sum = 3 + 4;    // 定义一个名为sum的变量，并把表达式3+4的结果赋给该变量
   console.log(sum); // 使用console对象的log方法把sum变量的值输出到控制台
</script>
```

JavaScript语句通常以英文的分号结尾。这段程序由两个语句构成。双斜线“//”后面的内容是注释，运行代码时会直接忽略注释内容。JavaScript还支持跨行注释，该注释使用“/*”作为开始记号，使用“*/”作为结尾记号。

> **⚠ 注意**
>
> 要区分中文符号和英文符号，例如，中文的分号“；”和英文分号“;”在计算机中是两个不同的字符，如误使用中文分号作为语句结尾将导致错误；JavaScript语句末尾的分号有时可以省略，但一般不建议省略。

第一个语句是“var sum = 3 + 4;”。该语句定义了一个名为sum的变量。var用于定义全局变量，sum是变量名称。计算表达式3+4的值后，把这个值赋给变量sum。表达式“3+4”中的“3”和“4”是常量，“+”是加法运算符，中间的“=”是赋值运算符，用于把“=”后面的值赋给“=”前面的变量。

第二个语句是“console.log(sum);”，用于把变量sum的值输出到控制台。“console”是3.4节已经介绍过的控制台全局对象。log同样介绍过，它是用于输出内容到控制台的方法。

图4.2展示了这段JavaScript示例程序中两个语句的各组成部分，以及它们大致的层次关系。

< 57 >

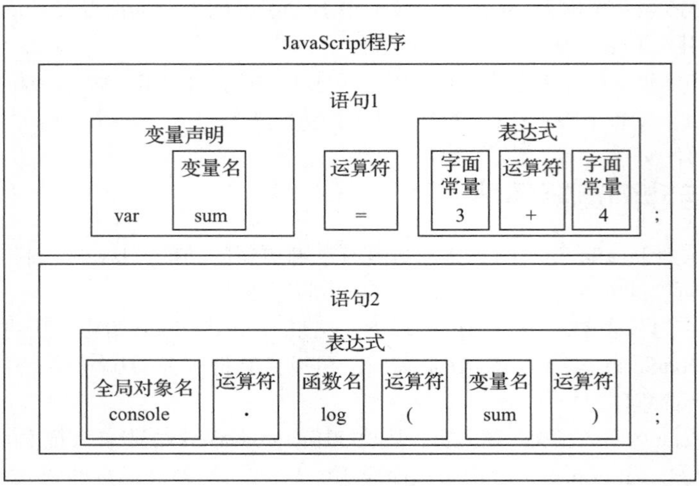

图 4.2　JavaScript 示例程序中语句的组成部分及层次关系

程序是给计算机执行的一组指令。一段程序由多条语句构成，默认情况下，计算机会从头到尾一条一条地执行它们。

语句由多个部分组成，表达明确的意思。语句最基本的组成部分有标识符、运算符、字面常量。

运算符通常代表某种动作或者操作，例如，示例程序中的"+"是加法运算符，代表加法操作。

字面常量就是直接写到代码里的数据，可以是数字，也可以是文字，例如，示例程序代码里的"3"和"4"。

标识符可分为关键字和自定义标识符。关键字就是程序设计语言（对于很多其他程序设计语言也是这样）中预先设定、具有特定含义的词语，有的用来表示一个操作，有的用来描述一种限制或者属性。

# 4.2　JavaScript变量

变量是符号，用来代表可以改变的值，一个变量通常对应计算机内存里的一个空间。变量可以用来存储计算结果等。一个变量本身就是一个表达式，变量的值就是表达式的值。

## 4.2.1　变量的类型与声明

变量通常需要先声明后使用。每个变量都要有一个确定的类型。JavaScript有表4.1所示的7种基本数据类型和1种Object类型。

表4.1　JavaScript的数据类型

| 类型 | 中文名称 | 举例 |
| --- | --- | --- |
| Boolean | 布尔 | true或false |
| Null | 空 | null |
| Undefined | 未定义 | undefined |
| Number | 数字 | 1、3.14 |
| BigInt | 大整数 | 123n（数字结尾加n就会被认为是大整数） |
| String | 字符串 | "hello"、"你好" |
| Symbol | 符号 | 一种不可变且唯一的变量 |
| Object | 对象 | 数组属于Object类型 |

< 58 >

JavaScript可以使用typeof运算符获取变量的类型。typeof返回的值是一个字符串。表4.2总结了typeof对不同类型变量的返回结果。

表4.2　typeof对不同类型变量的返回结果

| 类型 | 结果 |
| --- | --- |
| Undefined | "undefined" |
| Null | "object" |
| Boolean | "boolean" |
| Number | "number" |
| BigInt | "bigint" |
| String | "string" |
| Symbol | "symbol" |
| 宿主对象（由 JavaScript环境提供） | 取决于具体实现 |
| Function 对象 | "function" |
| 其他任何对象 | "object" |

JavaScript是弱类型语言，即变量的类型无须固定。强类型语言的变量一旦声明，类型就固定了，比如声明了"整数"类型的变量，这个变量就不能再作为字符串类型的变量使用，强类型语言通常需要在声明变量时指明变量类型（也可以是隐式的指明）。

JavaScript声明变量时，无须指定类型，而且变量类型在使用过程中可以随时改变。JavaScript有3种声明语句用于声明变量或常量。其中const用于声明常量，常量一旦被声明就不能改变。

let和var用于声明变量。使用let声明的是局部变量，使用var声明的是全局变量。其中var可以省略。全局变量和局部变量的区别将在4.2.2小节介绍。

声明变量或常量的方法就是在let、var或者const后面加上变量名（中间需要用空格分开）。变量或常量可以用等号赋值。例如，下面的代码用于声明一个名为"value"的全局变量。

```
<script>
  var value = 123;
  console.log(typeof value);
  value = "hello";
  console.log(typeof value);
</script>
```

在声明变量时，value被赋值为"123"，是Number类型，下一行代码用于输出value的类型到控制台；接下来value被赋值为"hello"，此时value变量的类型是String。控制台的输出结果如下。

```
number
string
```

上面代码对value变量进行了两次赋值，一次在声明的同时，另一次在声明后，而且第二次赋值还改变了变量的类型。

也可以只声明而不赋值。上面的代码可以拆分为两句。第一句声明变量。

```
var value;
```

然后给变量赋值。在给变量赋值之前，value的值是undefined。除undefined之外，JavaScript语言还提供了其他的特殊值，null代表空值；NaN（Not a Number，非数字）代表不存在的数字，例如，使用JavaScript 内置的Math对象求-1的算术平方根的结果是NaN；Infinity代表无穷，如表达式"1/0"的结果（1除以0）。

< 59 >

## 4.2.2 变量的作用域

作用域是指变量在代码中可以被使用或者说可以起作用的区域。在JavaScript中使用大括号"{}"划分代码块。使用let声明的变量的作用域被限制在一个代码块中。而全局变量的作用域是整个代码文件。

如在作用域之外使用变量，则会引发变量未定义或超出作用域的异常。

```
let value1 = 123;
{
  console.log(value1);  // 输出"123"
  // console.log(value2);  // 去掉最开始的注释符号会引起变量未定义异常，因为此处 value2
                          // 还未定义
  let value2 = 456;
  console.log(value1); // 输出"123"
  console.log(value2); // 输出"456"
}
console.log(value1); // 输出"123"
// console.log(value2);  // 去掉最开始的注释符号会引起超出作用域异常
```

上面的代码展示了使用let声明的变量的定义域。

## 4.2.3 数组

数组是由多个变量构成的对象，这些变量被称为数组的元素，可以使用"[ ]"定义一个空的数组，也可以用字面常量初始化一个含有元素的数组，如 "["January ", "February", "March", "April", "May", "June", "July", "August", "September", "October", "November", "December"]"定义了包含12个月的英文名称字符串的数组。数组元素可以是任意类型。

```
let emptyArray = [];  // 创建空数组
let arrayOfNumbers = [1, 2, 3, 5];  // 元素都是数字的数组
let array1 = ["one", 2, "three"];  // 同时包含不同类型元素的数组
let array2 = [ [1, 2, 3], [4, 5, 6], [7, 8, 9] ]  // 二维数组
```

数组是一个对象，typeof返回的结果是object，无法与其他object类型区分。判断一个变量是不是数组可以使用Array.isArray，如果该变量是数组，则该方法返回true，否则返回false。

```
let array = [1, 1, 2, 3, 5];
let object = {'key': 'value'};
console.log(typeof array);
console.log(typeof object);
console.log(Array.isArray(array));
console.log(Array.isArray(object));
```

上面代码的输出如下。

```
object
object
true
false
```

可以看到typeof无法区分数组和使用"{}"创建的对象，但Array.isArray可以区分这两种类型的变量。

除此之外，还可以用Object.prototype.toString.call、instanceof、isPrototypeOf和constructor等方法判断变量类型。

< 60 >

```
Object.prototype.toString.call(array)==="[object Array] "
array instanceof Array
Array.prototype.isPrototypeOf(array)
array.constructor === Array
```

以上表达式的结果都是true。

可以通过数组变量的length属性访问数组中元素的个数，通过"[]"运算符访问数组中指定下标的元素。数组元素的下标就是元素的编号，下标从0开始编号。如果数组元素长度为$n$，那么下标范围是0～$n-1$。数组元素和下标的关系如图4.3所示。

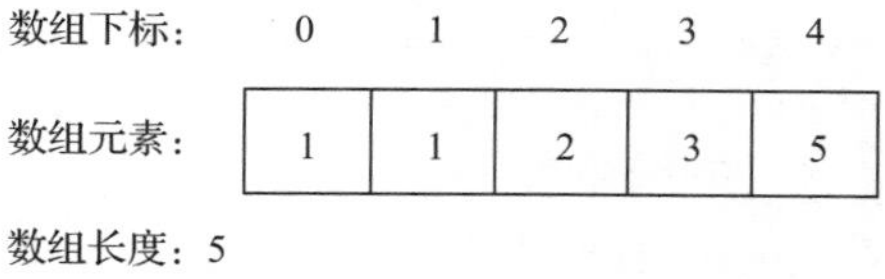

数组下标: 　0　　1　　2　　3　　4

数组元素:

| 1 | 1 | 2 | 3 | 5 |
|---|---|---|---|---|

数组长度: 5

图 4.3　数组元素和下标的关系

```
let array = [1, 1, 2, 3, 5];
console.log(array.length);
console.log(array[0]);
console.log(array[1]);
console.log(array[2]);
console.log(array[3]);
console.log(array[4]);
console.log(array[5]);
```

这段代码输出的结果如下。

```
5
1
1
2
3
5
undefined
```

如果访问的下标超过数组下标范围则会得到undefined。

除此之外，JavaScript的数组中的元素还可以动态修改。数组的push方法可以在数组结尾加入新元素。unshift方法可以在数组开始插入元素。pop可以从数组中取出元素。Shift可以从数组开头删除元素。

```
let array = [1, 2, 3];
array.push(4); // 此时数组内容是：[1, 2, 3, 4]，返回值是数组长度4
array.unshift(0); //  此时数组内容是：[0, 1, 2, 3, 4]，返回值是数组长度5
array.pop(); // 此时数组内容是：[0, 1, 2, 3]，返回值是取出的元素4
array.shift(); // 此时数组内容是：[1, 2, 3]，返回值是取出的元素0
```

indexOf方法可以找出数组中指定元素第一次出现的下标位置，如果没有这个元素则返回-1。lastIndexOf可以找出数组中指定元素最后一次出现的下标。

```
let strArray = ['how', 'do', 'you', 'do'];
strArray.indexOf('do');        // 1
strArray.lastIndexOf('do');  // 3
strArray.indexOf('Do');      // -1
```

另外数组还提供forEach方法，实现对数组元素的遍历，所需的参数是一个函数，类似的还有map、filter、find等方法，它们都以函数作为参数，并且会把这个函数应用在数组的每个元素上。例如，用forEach求数组元素之和。

```
let numberArray = [2, 4, 6, 8, 10];
let sum = 0;
numberArray.forEach(function (item, index, array) {
```

< 61 >

```
    sum += item;
})
console.log(sum); // 输出 30
```

filter可用于筛选出整数数组中的偶数。

```
let numArray = [1, 2, 3, 4, 5, 6, 7, 8, 9, 10];
let newArray = numArray.filter(function (item) {
return item % 2 === 0;
}) // newArray 是 [2, 4, 6, 8, 10]
```

filter只保留执行输入函数后得到结果为true的元素，并用这些元素构成新数组。

# *4.3* 运算符

运算符是代表某种特定操作的符号，比如通常计算机语言都会提供如加减乘除这样的基本的数学运算符。运算符会对一个或多个输入做特定操作，运算符接收的输入被称为操作数。运算符和操作数共同组成了新的表达式。

## 4.3.1 运算符的种类

运算符按照接收的操作数的数量可分为一元运算符（也称单目运算符）、二元运算符等。之前用到的typeof就是一元运算符。而"+"是二元运算符，因为它接收两个数字作为操作数。

运算符按照使用场景可分为算术运算符、逻辑运算符、关系运算符、位运算符等。

## 4.3.2 算术运算符

"+"运算符代表加法，用于求两个数的和。"−""*""/"分别代表减法、乘法、除法，它们都是二元运算符。

"%"是取模运算符，用于求两数除法的余数。

> **注意**
>
> 这些运算符都是英文半角符号。

"+"和"−"还可以作为一元运算符使用，用于表示数字的正负。

## 4.3.3 逻辑运算符

逻辑运算符返回的结果是布尔型的，就是只有true和false两种结果。"&&"是逻辑与运算符，任何值逻辑与true的结果仍是原值，任何值逻辑与false的结果都是false。"||"是逻辑或运算符，任何值逻辑或false的结果仍是原值，任何值逻辑或true的结果仍是true。它们都是二元逻辑运算符。

"!"是非运算符，true的非运算是false，false的非运算是true。

"??"是空值合并运算符，该运算符前面的值如果是null或者undefined，则运算结果是运算符后面的值，否则运算结果是运算符前面的值。

## 4.3.4 关系运算符

"in"运算符用来判断对象是否包含某个属性。与某些程序设计语言不同，JavaScript中的"in"

< 62 >

运算符不能判断数组是否包含某个元素。例如，"1 in [1, 2, 3]"的结果是false，表示数组对象没有1这个属性，而""push" in [1,2,3]"的结果是true。

"instanceof"用于判断一个对象是否是另一个对象的实例。比如4.2.3小节判断一个变量是不是数组的示例，就使用"instanceof"运算符判断变量是否是"Array"对象的实例。

"<"">""<="和">="分别代表"小于""大于""小于等于"和"大于等于"，用于比较两个值的大小关系。

"=="（连续的两个等号）、"!="用于比较两个值是否相等和是否不相等。"==="（连续的3个等号）和"!=="（叹号和连续的两个等号）用于判断两个值（包括类型）是否严格相等和是否严格不相等。

## 4.3.5　位运算符

计算机内部的数据是以二进制的形式存储的。所以计算机语言通常会提供位运算符以支持二进制位的运算，通常是针对整数的运算。表4.3展示了JavaScript中的位运算符。

表4.3　JavaScript位运算符

| 运算符 | 名称 |
| --- | --- |
| & | 按位与 |
| \| | 按位或 |
| ~ | 按位非 |
| ^ | 按位异或 |
| << | 按位左移 |
| >> | 按位右移 |
| >>> | 按位无符号右移 |

整数按位右移1位通常等价于整数除以2。整数按位左移1位通常等价于整数乘2。

## 4.3.6　赋值运算符

前面已经使用过"="用于把符号右边表达式的值赋给符号左边的变量。赋值运算符都要求左边的操作数应该是可被赋值的表达式，通常是变量。

此外，还有"+=""-=""*=""/=""%=""<<="">>="">>>=""&=""|=""^=""&&=""||=""??="等赋值运算符，它们是把左边操作数先与右边操作数做运算，再把值赋给左边。例如，"a +=3"等价于"a = a + 3"。

上面的赋值运算符的结果都等于左边操作数被赋予的值。例如，"a = 1 + 2"这个表达式本身的值就是1+2的值（也是a的值），就是3。所以可以使用连续赋值的写法，如"b = a = 1 + 2"。

还有解构赋值的写法，例如，"[a, b] = [1, 2]"或者"{a, b} = {a: 1, b: 2}"都等价于"a = 1; b = 2;"，"[a, b] = [1, 2]"的值是数组"[1,2]"，"{a, b} = {a: 1, b: 2}"的值是对象"{a: 1, b: 2}"。

## 4.3.7　其他运算符

"++"和"--"是自增、自减运算符，是一元运算符，可以使一个变量的值增加1或减少1。自增、自减运算符既可以放到变量前面，也可以放到变量后面，二者的区别在于表达式的值不同。如果运算符在变量之前，如"++a"，则值是变量自增后的值；如果运算符在变量之后，如"a++"，则值是变量自增前的值。

```
var a = 1;
var b = a++;
console.log(a); // 输出结果是 2，但 b 的值是 1，即 a 自增前的值
var c = ++a;
```

< 63 >

```
var d = a--;
var e = --a;
console.log(a, b, c, d, e); // 输出结果是 1 1 3 3 1
```

new和delete两个运算符是用于创建和删除对象的一元运算符。

void运算符用于表示一个表达式放弃其返回值。typeof运算符用于求一个变量或表达式的类型。

"."是属性访问运算符，用于访问一个对象的属性。

条件运算符由一个"?"和一个":"组成，其中"?"前面有一个条件表达式，"?"后面又有两个由":"隔开的表达式。如果条件表达式的值是true，则该运算符得出的值是冒号前面的表达式的值；否则是冒号后面的表达式的值。例如，下面的代码。

```
var n = -10;
console.log( n >= 0 ? n : -n)
```

以上代码第一行声明变量n，其值是"-10"。第二行的"n >= 0 ? n : -n"中，条件表达式为"n>=0"，如果这个条件表达式成立，则该表达式的值是n；否则该表达式的值是-n。所以最终输出的结果是n的绝对值。

## 4.3.8 运算符的优先级

JavaScript中的运算符是具有优先级的，这与数学中的运算符优先级比较类似。例如，下面的表达式。

```
2 + 1 * 3
```

在JavaScript中，它的值是5，因为乘法运算符的优先级高于加法运算符的，所以先计算1*3，然后计算2 + 3。如果需要先计算前面的加法，则可以添加括号。

```
(2 + 1) * 3
```

添加括号后表达式的值是9。表4.4展示了JavaScript中各种运算符的优先级。

表4.4　JavaScript运算符的优先级

| 优先级 | 运算符类型 | 结合性 | 运算符 |
| --- | --- | --- | --- |
| 19 | 分组 | n/a（不相关）（注：n/a指not application，即这个运算符既不是从左到右，也不是从右到左。） | ( ... ) |
| 18 | 成员访问 | 从左到右 | ... . ... |
| | 需计算的成员访问 | 从左到右 | ... [ ... ] |
| | new（带参数列表） | n/a | new ... ( ... ) |
| | 函数调用 | 从左到右 | ... ( ... ) |
| | 可选链 | 从左到右 | ?. |
| 17 | new（无参数列表） | 从右到左 | new ... |
| 16 | 后置递增 | n/a | ... ++ |
| | 后置递减 | | ... -- |
| 15 | 逻辑非（!） | 从右到左 | ! ... |
| | 按位非（~） | | ~ ... |
| | 一元加法（+） | | + ... |
| | 一元减法（-） | | - ... |
| | 前置递增 | | ++ ... |
| | 前置递减 | | -- ... |
| | typeof | | typeof ... |
| | void | | void ... |
| | delete | | delete ... |
| | await | | await ... |

< 64 >

| 优先级 | 运算符类型 | 结合性 | 运算符 |
|---|---|---|---|
| 14 | 幂（**） | 从右到左 | ... ** ... |
| 13 | 乘法（*） | 从左到右 | ... * ... |
| | 除法（/） | | ... / ... |
| | 取余（%） | | ... % ... |
| 12 | 加法（+） | 从左到右 | ... + ... |
| | 减法（-） | | ... - ... |
| 11 | 按位左移（<<） | 从左到右 | ... << ... |
| | 按位右移（>>） | | ... >> ... |
| | 无符号右移（>>>） | | ... >>> ... |
| 10 | 小于（<） | 从左到右 | ... < ... |
| | 小于等于（<=） | | ... <= ... |
| | 大于（>） | | ... > ... |
| | 大于等于（>=） | | ... >= ... |
| | in | | ... in ... |
| | instanceof | | ... instanceof ... |
| 9 | 相等（==） | 从左到右 | ... == ... |
| | 不相等（!=） | | ... != ... |
| | 一致/严格相等（===） | | ... === ... |
| | 不一致/严格不相等（!==） | | ... !== ... |
| 8 | 按位与（&） | 从左到右 | ... & ... |
| 7 | 按位异或（^） | 从左到右 | ... ^ ... |
| 6 | 按位或（\|） | 从左到右 | ... \| ... |
| 5 | 逻辑与（&&） | 从左到右 | ... && ... |
| 4 | 逻辑或（\|\|） | 从左到右 | ... \|\| ... |
| | 空值合并（??） | 从左到右 | ... ?? ... |
| 3 | 条件（三目）运算符 | 从右到左 | ... ? ... : ... |
| 2 | 赋值 | 从右到左 | ... = ... |
| | | | ... += ... |
| | | | ... -= ... |
| | | | ... **= ... |
| | | | ... *= ... |
| | | | ... /= ... |
| | | | ... %= ... |
| | | | ... <<= ... |
| | | | ... >>= ... |
| | | | ... >>>= ... |
| | | | ... &= ... |
| | | | ... ^= ... |
| | | | ... \|= ... |
| | | | ... &&= ... |
| | | | ... \|\|= ... |
| | | | ... ??= ... |
| 1 | 逗号 / 序列 | 从左到右 | ... , ... |

运算符优先级的值越大，说明它越优先参与计算。

< 65 >

# 4.4 函数

函数是代表某种操作的符号。JavaScript提供了一些内置函数，也允许用户创建函数。函数是一种封装技术，它和运算符类似，接收一个或多个输入，并返回一个结果。也可以说运算符就是一种特殊的函数。

## 4.4.1 创建函数

创建函数要使用function关键字，并指定函数的名称、接收的参数，以及函数要执行的具体操作。比如创建一个名为"SumOfConsecutiveInteger"的函数用于求一组连续整数的和，输入是两个整数，第一个代表这组连续整数的第一个整数，第二个代表最后一个整数，例如，输入（1，10）代表求1+2+3+4+5+6+7+8+9+10的值。

可以使用等差数列和的公式实现该函数。当这组连续整数的数量为$n$，这组数中第一个整数为$a_1$，最后一个整数为$a_n$时，这组整数的和$S$可通过下面的公式计算。

$$S = \frac{n(a_1 + a_n)}{2}$$

通过下面的代码可以在JavaScript中定义上述函数。

```
function SumOfConsecutiveInteger(a1, an)  // 这一行是函数声明的开始
{  // 花括号内是函数体，这里面定义函数要执行的操作
  let n = an - a1 + 1;
  let S = n * (a1 + an) / 2;
  return S;
}
```

从代码第一行function后面到"（"之前的内容是函数的名称。"（"和"）"之间的内容是函数的参数，意思是函数可以接收的输入内容。函数的参数可以是空的，即"()"表示函数无须参数；也可以是一个标识符，表示函数接收一个参数，还可以是用逗号分隔的多个标识符。

函数的参数中列出的标识符都会成为函数运行过程中的变量，当函数被调用时，需要为这些参数提供值。

从第二行的"{"开始到最后一行的"}"之间是函数体。4.2.2小节介绍过，"{}"可以定义代码块，函数体就是一个代码块，其中包含函数要执行的操作。代码块可以是空的，也可以包含一些语句。函数参数的作用域就在函数体之内。

函数体中最后的return也是关键字，代表返回语句，return后面的内容是函数的返回值。

该函数体内定义了两个变量，它们都用let声明，都是作用域仅限于函数体内的局部变量。变量$n$是这些整数的总个数。S则是按照公式求出的整数总和。

## 4.4.2 调用函数

使用"函数名(参数列表)"的形式可以调用函数。比如调用4.4.1小节的SumOfConsecutiveInteger函数可以用下面的写法。

```
function SumOfConsecutiveInteger(a1, an)  // 这一行是函数声明的开始
{  // 花括号内是函数体，这里面定义函数要执行的操作
    let n = an - a1 + 1;
    let S = n * (a1 + an) / 2;
    return S;
```

< 66 >

```
}
let result_1_100 = SumOfConsecutiveInteger(1, 100);
let result_1_1000 = SumOfConsecutiveInteger(1, 1000);
console.log(result_1_100, result_1_1000);
```

输出的结果是"5050 500500"。console.log也是方法，调用该方法可以向控制台输出文本。需要注意的是，"方法"是一种特殊的"函数"，即对象的成员函数被称为方法。

该段程序先定义了函数SumOfConsecutiveInteger，但函数体内的语句不会被执行。只有执行到"SumOfConsecutiveInteger(1, 100)"和"SumOfConsecutiveInteger(1, 1000)"时，函数体内的语句才被执行。

### 4.4.3 函数的返回值

函数体内的return语句后面的表达式的值就是函数的返回值。如果函数体内没有return语句，则函数没有返回值，那么函数调用后，调用者将得到undefined。例如，下面代码中的两个函数。

```
<script>
    function sum_error(a, b) {
        let sum = a + b;// 这个函数只计算了两数之和但没有返回值
    }
    function sum(a, b) {
        let sum = a + b;
        return sum;
    }
</script>
```

调用sum_error得到的值总是undefined，因为该函数没有返回值。调用sum才能得到实际的两数相加的和。

## 4.5 流程控制

程序通常是从上到下逐语句执行的，通过流程控制可以改变当前程序的语句执行顺序，从而实现跳过语句或者重复执行语句。

### 4.5.1 if...else语句

if语句用于根据条件决定是否执行语句块。例如，实现一个函数判断一个整数n是奇数还是偶数。整数n如能被2整除，那么这个整数是偶数，否则是奇数。用取模运算符，如果"n%2"的结果是0，则n可以被2整除，意味着n是偶数，否则n是奇数。下面的函数用于计算n%2的值。

```
function oddOrEven(n) {
  let result = n % 2;    // 当 n 是奇数时，result为1；当n是偶数时，result为0
    return result;
}
console.log(oddOrEven(10));
console.log(oddOrEven(1));
```

如果使用if...else语句判断这个结果是否等于0，则可以根据两种情况执行不同的语句。

```
function oddOrEven(n) {
 let result = n % 2;    // 当 n 是奇数时，result为1;当n是偶数时，result为0
```

< 67 >

```
// 下面是 if … else 语句
if (result === 0) {  // 若if 语句后括号中的一个表达式的值是 true，则 if 语句后面紧邻的语
                     // 句块将被执行
        return "Even";
}
else {
    return "Odd";
}
}
```

if...else语句分为if子句和else子句两个部分。if子句后面必须有一个括号，括号内的表达式的值如果为true，则执行if子句后的语句块，否则执行else子句后的语句块。其中else子句可以省略，如果else子句省略，表达式的值为true则执行if后的语句块，为false则什么也不执行。

如果仅在某种条件下需要执行某种操作，则可省略else子句。例如，实现求绝对值的函数，仅当输入为负数时把负数转换为相反数。

```
function abs(n) {
  if (n < 0) {
        n = -n;
  }
  return n;
}
```

输入的是n，如果n是负数，则把n变为n的相反数，最终返回n。

另外，如果语句块中仅有一条语句，则可以省略包裹语句块的"{}"。所以上面求绝对值的代码还可以简写为下面的形式。

```
function abs(n) {
    if (n < 0)
            n = -n;  // 这一条语句受到 if 的控制
    return n;
}
```

## 4.5.2　switch...case语句

switch...case语句用于实现多分支的流程控制。switch后面是一个表达式，之后的语句块中可以有多个case子句，每个case后也有一个表达式。如果switch后的表达式和某个case后的表达式相等，则执行这个case后的语句。

例如，要实现函数，输入的是百分制的分数，当分数在90分或90分以上时，函数返回"A"；当分数在80分（包含）到90分之间时返回"B"；分数大于等于70分小于80分时返回"C"；其他情况均返回"D"。用if...else语句实现如下。

```
function scoreToClass(score) {

    if (score >= 90) {
        return "A";
    }
    else {
            if (score >= 80) {
            return "B";
            }
```

< 68 >

```
    else {
        if (score >= 70) {
         return "C";
        }
        else {
            return "D";
        }
    }
  }
}
```

这段代码使用了多个if...else语句嵌套实现了4种不同情况的分支。而switch...case语句可以更简洁地实现上面的逻辑。

```
function scoreToClass(score) {
    let result = "";
  switch (Math.floor(score / 10)) {
    case 10:
    case 9:
        result = "A";
        break;
    case 8:
        result = "B";
        break;
    case 7:
        result = "C";
        break;
        default:
        result = "D";
  }
  return result;
}
```

这段代码中switch后的表达式是"Math.floor(score / 10)"，该表达式的值是score除以10后向下取整的结果。例如，score是97，socre/10的结果是9.7，向下取整后的结果是9，然后执行下面"case 9:"后面的语句，把"A"赋值给result。

执行到break时会直接跳出switch语句。如果这里没有写"break"，则后面的case或者default的语句也会被执行，一直到break、return或者switch语句块的结尾。

### 4.5.3　循环语句

循环语句用于重复执行指令。4.4.1小节创建的函数计算了$1 \sim n$的连续整数和，借助等差数列求和公式，可通过固定次数的计算得出结果。但要求$1 \sim n$的连续自然数乘积，也就是$n$的阶乘，较简单的方法是做$n-1$次乘法。例如，可用下面的程序求5的阶乘。

```
let result = 1;
result = result * 2;
result = result * 3;
result = result * 4;
result = result * 5;
console.log(result);
```

循环语句可以执行类似的需要重复操作的任务，可以根据程序执行情况决定操作重复的次数。循

< 69 >

环语句可通过for或者while两个关键字实现。for循环的语法如下。

```
for (初始化表达式；条件表达式；一次循环结束后要执行的表达式) {
    循环体
}
```

for循环中包括"初始化表达式""条件表达式""一次循环结束后要执行的表达式"和"循环体"。

初始化表达式将在循环开始之前执行一次。条件表达式将在每次执行循环体之前执行一次，如果它的值为true，那么循环体将执行，否则循环结束。"一次循环结束后要执行的表达式"将在循环结束后执行。

这4个部分都是可以省略的。如果条件表达式被省略，则默认为true，也就是说，每次循环都会被无条件执行。

使用for循环实现的求阶乘的函数如下面的代码所示。

```
function factorial(n) {
  let result = 1;
  for (let i = 1; i <= n; i++) {
      result = result * i;
  }
  return result;
}
```

while循环的写法更加简略，只有条件表达式和循环体两个部分。其语法如下所示。

```
while (条件表达式) {
    循环体
}
```

条件表达式同样是在循环体执行前执行，且只有值为true时，才执行循环体，否则直接退出循环。"条件表达式"被省略时同样会默认为true。虽然与for循环的语法不同，但while循环和for循环本质是相同的，所有for循环实现的程序也都可以用while循环实现。

使用while循环实现的求阶乘的函数如下面的代码所示。

```
function factorial(n) {
  let result = 1;
  let i = 1;
  while (i <= n) {
      result = result * i;
      i++;
  }
  return result;
}
```

另外还有do...while循环，可以先执行循环体，再执行条件表达式，其语法如下。

```
do {
    循环体
} while (条件表达式)
```

有时候无论条件如何，循环体都需要执行一次，这时候更适合使用do...while循环。

⚠ 注意

与if...else语句类似，for和while的循环体，如果只有一条语句，则也可以省略"{}"。

< 70 >

访问一个数组的每个元素是常用的操作，可以使用循环实现该操作。例如，求一个数组的元素和（数组中的元素都是数字）。

```
function sum(array) {
  let s = 0;
  for (let i = 0; i < array.length; i++) {
      s += array[i];
  }
  return s;
}
console.log(sum([2,3,5,7,11]))
```

此外还可以使用for...of循环，其语法如下。

```
for (元素 of 可迭代的变量) {
    循环体
}
```

for...of循环包括"元素""可迭代的变量"和"循环体"3个部分。循环执行的次数由这个可迭代变量的大小决定。例如，可迭代变量是数组，迭代的次数等于数组长度。下面的代码使用for...of循环求数组元素和。

```
function sum(array) {
    let s = 0;
    for (let item of array) {
        s += item;
    }
    return s;
}
console.log(sum([2,3,5,7,11]))
```

此外还有for...in循环，用法与for...of的类似，但得到的是一个对象的属性。比如下面的代码对数组使用for...in。

```
let array = [2,3,5,7,11];
for (let item in array) {
    console.log(item);
}
```

输出结果如下。

```
0
1
2
3
4
```

for...in得到的是数组的元素下标而不是数组元素的值。如果希望通过for...in循环取得数组的元素，则需要使用[]运算符。

```
let array = [2,3,5,7,11];
for (let item in array) {
    console.log(array[item]);
}
```

输出结果如下。

```
2
3
```

< 71 >

```
5
7
11
```

# 4.6 内置数据结构

数据结构是计算机用于存储、组织数据的方法，是有结构特性数据的集合。除了4.2节介绍的基本数据类型，JavaScript还提供了丰富的内置数据结构，包括Map、Set、Date等。

## 4.6.1 字符串

字符串就是一串字符或者一串文字。在JavaScript中可以直接用一对引号创建字符串（单引号或双引号都可）。引号内的字符就是字符串的内容。

```
let str = "你好！";
```

上面代码创建了一个包含3个字符的字符串。使用"、"可以创建模板字符串，即可以在字符串中插入另一个变量。

```
let name = "张三";
let greeting = `你好，${name}！`;
console.log(greeting);
```

这段代码输入的结果是"你好，张三！"。

和数组类似，可以通过"[]"运算符访问字符串中的每个字符，也可以通过字符串对象的charAt方法访问指定位置的字符。

字符串可以直接使用"=="">""<"比较"大小"或是否相等。多个字符串可以通过加号"+"进行拼接。

特殊字符可以通过转义字符"\"表示。例如，"\n"表示换行符。

## 4.6.2 Map

Map是一种用于存储键值对的数据结构。键和值也常称作key和value。比如有一个英文单词的数组。

```
let words = ['to', 'be', 'or', 'not', 'to', 'be', 'that', 'is', 'a',
'question'];
console.log(words.length);
```

这个数组中有10个单词。如果我们希望统计每个单词出现的次数，则可以定义一个Map，并以单词为键，以出现次数为值。

```
let wordCount = new Map();

for (let word of words) {
    if (wordCount.has(word)) { // 判断当前Map中是否已经包含这个单词
        let currentCount = wordCount.get(word);
        wordCount.set(word, currentCount + 1); // 如果已经包含，则在原来的数量基础上加1
    }
    else {
```

< 72 >

```
        wordCount.set(word, 1); // 如果还未包含这个单词, 则把这个单词的数量设为1
    }
}
// 单词数量统计完成

// 下面遍历Map, 输出统计结果
for (let pair of wordCount) {
    console.log(pair[0], ': ', pair[1]);
}
```

这段代码的输出结果如下。

```
to: 2
be: 2
or: 1
not: 1
that: 1
is: 1
a: 1
question: 1
```

通过new Map创建新的Map对象。通过Map对象的has方法可以检查一个键是否在这个对象中存在。通过set可以把几个键值对存入对象。通过get可以获取一个键对应的值。

> ⚠️ **注意**
>
> 对于Map对象, 可以使用"[ ]"运算符来设定和获取属性, 但这些属性并不会被存储在Map中。如果要写入和读取Map, 则不应该使用"[ ]"运算符。通过"[ ]"运算符设置的属性是不能通过get或has方法访问的, 也不能在遍历该Map对象时得到。

Map对象还提供keys方法和values方法, 用于获取这个对象的所有键和所有值。delete方法用于从Map中删除键值对。

### 4.6.3　Set

Set与数组类似, 用于存储一批元素, 但Set中不能包含重复元素。用add方法向Set中添加元素, 用has方法判断一个元素是否存在, 用delete方法删除一个元素。

Set允许多次添加重复元素, 但无论添加多少次, Set中都只会保存一个该元素。与数组类似, Set提供forEach方法用于遍历Set中的元素。

仍以4.6.2小节中的数组words为例, 如果要输出该数组内不重复的单词, 则可以直接用Set的特性, 把数组内的所有单词依次插入Set。

```
let wordSet = new Set();
for (let word of words) {
    wordSet.add(word);
}
console.log(wordSet.size);
for (let word of wordSet) {
    console.log(word);
}
```

更简单的写法是通过数组构建Set。

< 73 >

```
wordSet = new Set(words);
```

这样直接得到了以words数组的元素为元素的Set。

!注意

　　Set是一个英文单词，作为动词有"设置""设定"的意思，作为名词则有"集合"的意思。Map对象的set方法是设置的意思，与Set对象没有关系。

### 4.6.4 Date

　　JavaScript的Date对象用于表示日期时间。Date对象基于Unix时间戳，是自UTC（Universal Time Coordinated，世界协调时）时间1970年1月1日起经过的秒数。可使用new Date创建Date对象。

```
let now = new Date();
```

　　以上代码中未加任何参数，得到的就是代码运行时刻的系统时间。Date构造函数支持传入多种参数来创建指定时刻的对象。

```
new Date(3600 * 1000); // 传入一个单位为毫秒的Unix时间戳
// 得到的结果是 Thu Jan 01 1970 09:00:00 GMT+0800 (中国标准时间)
new Date(year=1949, monthIndex=9, date=1, hour=15, minutes=0, seconds=0);
// 传入年、月、日、小时、分钟、秒来构造指定日期时间
// 得到的时间是Sat Oct 01 1949 15:00:00 GMT+0800 (中国标准时间)
```

　　其中小时、分钟、秒、毫秒4个参数是可选的，它们的默认值都是0。

!注意

　　monthIndex是月份的索引，是0～11的整数。0代表一年中的第一个月，即1月，而1代表2月，以此类推。

　　Date对象的now方法用于返回Unix时间戳，以毫秒为单位。getFullYear用于获取Date对象的4位数年份。getMonth用于获取月份（0～11的整数）。getDate用于返回日期对应这个月的哪一天（1～31的整数）。getHours返回小时数（0～23的整数）。getMinutes返回分钟数（0～59的整数）。getSeconds返回秒数（0～59的整数）。

!注意

　　时间戳表示时间时，无须考虑时区。但如果用年、月、日、时、分、秒来表示时间，就需要考虑时区。上面介绍的getFullYear等获取年、月、日、时、分、秒的方法返回的都是基于当地时区的结果。

### 4.6.5 Number

　　Number是表示数字的对象。整数、小数（或者叫浮点数）都可以使用Number对象表示。Number对象的方法也就是数字变量所拥有的方法。

　　toFixed方法用于保留指定位数的小数。isFinite用来判断一个数字是否为有穷数，比如非零数除以0得到的是无穷数，而不是有穷数。isInteger用来判断一个数字是不是整数。下面的代码展示了如何使

< 74 >

用toFixed把一个小数保留2位小数输出。

```
<script>
    let pi = 3.141592654;
    console.log(pi.toFixed(2)); // 输出 3.14
</script>
```

## 4.6.6　正则表达式

正则表达式是一种用于文本操作的工具。正则表达式通过特定符号定义匹配的模式，常用于文本匹配和替换。JavaScript中有RegExp类型的对象表示正则表达式。在JavaScript中可以使用"/"定义正则表达式常量，类似于字符串常量。比如有如下字符串。

```
let str = "文件列表:'3.html', 'a.js', '1.jpg', '2.html', '第一章.html'";
```

下面的代码定义了一个可以匹配以".html"结尾且文件名是数字的正则表达式。

```
<meta charset="utf8" />
<script>
    let str = "文件列表:'3.html', 'a.js', '1.jpg', '2.html', '第一章.html'";
    let pattern = /'\d*\.html'/g;
    console.log(str.match(pattern)); // 输出 ["'3.html'", "'2.html'"]
</script>
```

正则表达式最后的"g"表示要匹配所有符合模式的子串，如果去掉g，则只返回第一个匹配的子串。

正则表达式中的"\d"表示匹配任何一个数字，"*"表示前面的符号可以有0个、1个或者多个。例如，"a*"可以匹配空字符串（0个a）、"a"或者"aa"等；"\d*"则可以匹配0个或多个数字。要匹配1个或多个数字可使用"+"代替"*"。另外还有"?"表示匹配0个或1个数字。

"."用于代表匹配任意字符。"\s"用于匹配任意空白字符（包括空格符、制表符、换行符等），"\S"用于匹配非空白字符。正则表达式的更多细节超出本书范围，读者可参阅互联网上的文档。

# 4.7　内置对象

JavaScript的内置对象提供了通用的方法或者常数，使用这些内置对象有利于提高开发效率。此外，有些高级功能也需要使用内置对象实现。需要注意的是，4.6小节介绍的Map、Date、Number也属于JavaScript的内置对象，但它们不仅属于内置对象，还是JavaScript的数据结构之一。

## 4.7.1　Math对象

Math对象提供数学中常用的常数和函数。

**1. 常数**

Math.E为自然对数函数的底数，是一个无限循环小数，其值约为2.71828。它也被称为自然常数、自然底数，或是欧拉数（Euler's Number）。

Math.PI是圆周率，是一个无限循环小数，约等于3.14159。

**2. 函数**

Math.abs(x)用于计算一个数x的绝对值。Math.ceil(x)和Math.floor(x)分别用于向上取整和向下取整。Math.round(x)用于求数字x四舍五入后的整数。Math.trunc(x)用于返回一个数字的整数部分，而不

< 75 >

管这个数的正负。Math.sign(x)返回一个数字的符号，负数返回-1，正数返回1，0返回0。下面的代码展示了常用函数的用法。

```
let number = -1.5;
console.log(Math.sign(number));     // 输出是 -1
console.log(Math.abs(number));      // 输出是 1.5
console.log(Math.ceil(number));     // 输出是 -1
console.log(Math.floor(number));    // 输出是 -2
console.log(Math.trunc(number));    // 输出是 -1
console.log(Math.round(number));    // 输出是 -1
number = 1.5;
console.log(Math.sign(number));     // 输出是 1
console.log(Math.abs(number));      // 输出是 1.5，正数的绝对值是它自身
console.log(Math.ceil(number));     // 输出是 2
console.log(Math.floor(number));    // 输出是 1
console.log(Math.trunc(number));    // 输出是 1
console.log(Math.round(number));    // 输出是 2
```

Math还提供了多种三角函数，比如Math.sin(x)、Math.cos(x)、Math.tan(x)分别用于计算正弦值、余弦值、正切值，还有Math.asin(x)、Math.acos(x)、Math.atan(x)用于计算它们的反函数。

Math.sqrt(x)和Math.cbrt(x)分别用于求平方根和立方根。Math.pow(x, y)用于计算x的y次幂。

Math.random()用于返回一个0～1的伪随机数。

Math.max([x[, y[, ...]]])和Math.min([x[, y[, ...]]])用于返回一组数中的最大数和最小数。

## 4.7.2　JSON对象

JSON（JavaScript Object Notation，JavaScript对象表示法）是一种可以用字符串描述（部分）JavaScript对象的数据记录格式。

JSON是一种语法，可以用来描述JavaScript中的对象、数组、字符串、布尔值和null等数据结构。JSON通常用于数据的传输和存储。比如HTML5程序和服务器通信时，可以把要通过网络传输的数据使用JSON语法编码（序列化）后发送。接收者收到JSON格式的字符串后再解码（反序列化）就得到原来的数据。

JSON对象提供stringify()函数实现了编码或者序列化，即把JavaScript对象转换为字符串；parse()函数实现了解码或者反序列化，即把字符串转换为JavaScript对象。

下面的代码定义了一个Object类型变量，保存了一个地址信息，如果直接使用console.log输出，则得到的是[object Object]，而JSON.stringify可以把该变量转换为便于输出（同样便于网络传输或者存储的）字符串格式。

```
let address = {
    'country': '中国',
    'city': '北京',
    'district': '海淀'
};
console.log(address); // 输出对象格式的地址
alert(address); // 显示"[object Object]"，而无法显示实际的值
// 把对象和空字符串相加得到字符串类型的变量
let address_str = address + '';
console.log(address_str); //输出" [object Object] "
alert(address_str); // 显示"[object Object] "
// 使用JSON.stringify把对象转化为字符串类型
let address_stringify = JSON.stringify(address);
```

< 76 >

```
console.log(address_stringify); // 输出 "{" country ":"中国","city":"北京",
"district":"海淀"}"
alert(address_stringify); // 显示 "{" country ":"中国","city":"北京","district":"海淀"}"
```

### 4.7.3 全局函数

parseInt（字符串，基数）用于解析字符串，并得到整数。基数是指字符串中数字使用的进制，如果省略基数，则根据字符串自动判断，但最好指定基数，一般常用的基数是10，即十进制。比如 parseInt('101', 10)返回值是十进制的101，parseInt('101', 2)的返回值是十进制的数字5，即$1 \times 2^2 + 0 \times 2^1 + 1 \times 2^0$。

parseFloat（字符串）用于解析字符串得到浮点数。parseInt和parseFloat会忽略字符串开头的空白字符，并解析字符串最前面的有效数字，比如parseInt('199a100', 10)将返回199。但当无法正确解析字符串时，它们都会返回NaN。

eval（字符串）用于把一个字符串作为JavaScript代码语句执行。eval提供了程序运行时执行任意代码语句的功能，但可能导致安全问题，同时，由于其实现机制，eval执行代码语句的效率可能比较低，在实际开发中可以通过其他方法避免使用eval函数。

### 4.7.4 Web Storage

Web Storage提供一种基于浏览器的简单易用的持久化的键值存储机制。

键值存储指的是类似于Map对象提供的接口，将要存储的数据分为键（Key）和值（Value）两部分。可以通过键写入或者读取值。

持久化值数据不会随页面关闭而丢失。4.6节介绍的数据结构只能临时保存数据，当用户关闭页面、刷新页面和关闭浏览器时，数据结构中存储的数据都会丢失。但Web Storage中存储的数据在页面关闭甚至计算机关闭后都可以保存。

基于浏览器是指这些数据由用户的浏览器保存，这些数据仅保留在用户本地，如果浏览器被卸载或者损坏，则这些数据可能丢失，同时用户可以随时清理这些数据。

Web Storage提供sessionStorage和localStorage两种实现方法。sessionStorage中存储的数据会在当前session（会话）结束时被清理，localStorage中存储的数据则不会。

下面的代码在页面载入时将检查sessionStorage中是否存储了键为 "message_input" 的数据。如果数据存在且不为空，则通过alert提示用户存储的数据的值，否则提示存储的数据为空。页面载入后，有一个input元素，允许用户输入文本，用户单击 "保存" 按钮后，input框中文本被存入sessionStorage的 "message_input" 键中。

```
<label>消息</label><input type='text' id='message' />
<button onclick='save_message()'>保存</button>

<script>
function save_message() {
    window.sessionStorage.setItem("message_input", message.value);
}
if (window.sessionStorage.getItem("message_input")) {
    alert("当前存储的数据是: " + window.sessionStorage.getItem("message_input"));
}
else {
    alert("当前存储的数据为空");
}
</script>
```

< 77 >

用户可以在浏览器开发者工具的存储中查看和清理这些数据。图4.4展示了开发者工具应用程序选项卡中存储的相关内容。

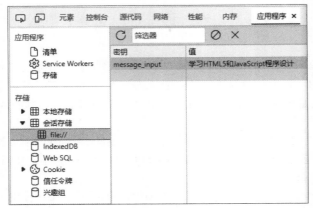

图 4.4　在 Edge 浏览器中查看会话存储（sessionStorage）的内容

# *4.8* 小结

本章的主要内容是JavaScript，它是HTML5开发中的"控制器"，直接接收用户输入，并能快速给出反馈。

JavaScript可以实现复杂的计算逻辑，是一种完备的程序设计语言。同时JavaScript和浏览器生态紧密结合，是开发HTML5应用最佳的选择之一。

素养课堂

# *4.9* 课堂实战——开发HTML5计算器

开发一个可在浏览器中运行的计算器，实现基本的计算功能，支持通过输入按钮输入要计算的表达式，对于表达式，不支持处理运算符优先级，也不支持括号。

## 4.9.1　创建计算器界面

计算器界面由输入区、结果区、数字输入按钮、运算符输入按钮和功能按钮组成。用户单击输入按钮后，输入区显示已输入内容，结果区输出计算结果。数字输入按钮有0～9，以及负号、小数点。运算符输入按钮有加减乘除、阶乘、根号和平方。需要注意的是，负号与减号对应同一按钮。功能按钮有等号和清除按钮（C按钮）。

输入区和结果区使用<div>标签实现，二者中间添加"<p>=</p>"。按钮使用<button>标签。下面的代码用于创建计算器界面。

```
<html>
    <head>
        <title>计算器</title>
    </head>
    <body>
```

< 78 >

```html
    <p>
        <div id="input_value">0</div>
        =
        <div id="result_output">0</div>
    </p>
    <div>
        <p>
            <button>1</button>
            <button>2</button>
            <button>3</button>
        </p>
    </div>
    <div>
        <p>
            <button>4</button>
            <button>5</button>
            <button>6</button>
        </p>
    </div>
    <div>
        <p>
            <button>7</button>
            <button>8</button>
            <button>9</button>
        </p>
    </div>
    <div>
        <p>
            <button>0</button>
            <button>-</button>
            <button>.</button>
        </p>
    </div>
    <div>
        <p>
            <button>+</button>
            <button>-</button>
            <button>*</button>
            <button>/</button>
        </p>
    </div>
    <div>
        <p>
            <button>!</button>
            <button>√</button>
            <button>^</button>
        </p>
    </div>
    <div>
        <p>
            <button>C</button>
            <button>=</button>
```

< 79 >

```
        </p>
    </div>
</body>
</html>
```

图4.5是上述代码的运行效果。最上方的输入框是\<input\>标签生成的，用户单击使其获得焦点后可直接输入。当用户单击下面的按钮是需要由JavaScript接收并处理的，比如"单击数字按钮后要把相应的数字插入输入框中"的逻辑需要使用JavaScript实现。

图 4.5　计算器界面

本小节的任务已经完成。4.9.2小节将在此基础上实现输入按钮的功能。

## 4.9.2　输入按钮事件的处理

单击HTML元素会触发click事件。可以使用JavaScript实现函数向输入框中插入指定字符，然后把所有输入按钮的onclick属性设置为上述函数，通过函数参数实现单击不同按钮输入不同字符。

可在onclick属性中指定参数，比如传入this参数代表这个按钮元素本身，再通过innerText属性即可访问按钮中的文字。在4.9.1小节代码的\</body\>后插入一对\<script\>标签，以及函数实现代码。

```
</body>
    <script>
        function input_button_click_event(button) {
            input_value.innerText += button.innerText;
        }
    </script>
</html>
```

这段代码实现了名为"input_button_click_event"的函数，接收一个参数，这个参数是被单击的按钮元素，input_value是输入框的内容，button.innerText是按钮上的文字。input_value.innerText+=button.innerText；等价于input_value = inputvalue + button.innerText;，即让输入框中的文字等于输入框中原来的文字加上按钮内的文字。

给输入按钮添加"onclick="input_button_click_event(this)""，代码如下。

```
<button onclick="input_button_click_event(this)">1</button>
```

至此，单击输入按钮就会把这个按钮上的字符插入输入框的最后。但还存在两个问题。第一，单击功能按钮"C"本来应该清除输入区，但现在的逻辑会直接把字母"C"添加到输入区。第二，初

< 80 >

始状态输入区会保留输入框中最初的字符 "0"。下面的代码通过两个if语句解决了上述问题。

```javascript
function input_button_click_event(button) {
    if (button.innerText === 'C') {
        input_value.innerText = 0;
        result_output.innerText = 0;
    }
    else {
        if (input_value.innerText === '0') {
            input_value.innerText = '';
        }
        input_value.innerText += button.innerText;
    }
}
```

第一个if语句处理单击功能按钮 "C"，如果被单击的按钮是 "C"，则把输入区和输出区都设置为默认值 "0"。第二个if语句判断如果当前输入区中只有一个字符 "0"，则把这个 "0" 去掉。

### 4.9.3 实现功能

先明确各运算符的语法，"+" "–" "*" "/" "!" "√" 和 "^" 分别表示加、减、乘、除、阶乘、根号和平方。除了表示阶乘的 "!" 的用法为 "数字!"，其他运算符的用法都是 "数字 运算符 数字"。例如，"3 √ 5" 代表5的立方根，"2 ^ -10" 代表2的-10次方。

为了实现简单，每次只计算一个运算符，即输入区至多保留两个操作数和一个运算符。一旦输入第二个运算符，则自动计算之前表达式的结果，并替换原来的表达式。例如，已经输入了 "2+3"，再输入任何运算符，比如输入乘号 "*"，输入区的内容替换成 "5*"，即自动计算 "2+3" 的结果后，再把新输入的 "*" 加在后面。

实现一个函数calculate用于计算输入区中的表达式。为了及时让用户看到结果，可在用户每次单击按钮时都调用calculate函数。具体要处理的情况如下。

（1）输入区只有一个操作数，那么结果就是这个数字本身。

（2）输入区有一个操作数和一个二元运算符，那么结果是这个操作数本身。

（3）输入区有一个操作数和一个一元运算符或者等号，例如，输入区的内容是 "5!"，则此时结果是5的阶乘的结果，同时应把输入区内容也替换成该结果。

（4）输入区有操作数1、二元运算符、操作数2，此时结果是这个表达式的计算结果。

（5）输入区有操作数1、二元运算符、操作数2，以及另一个刚输入的运算符或者等号，此时结果是前面两个操作数的计算结果，同时要替换输入区内容，并转换成（2）或者（3）的情况。

最终完整代码如下。

```html
<script>
    function input_button_click_event(button) {
        if (button.innerText === 'C') {
            input_value.innerText = 0;
            result_output.innerText = 0;
        }
        else {
            if (input_value.innerText === '0') {
                input_value.innerText = '';
            }
            input_value.innerText += button.innerText;
            calculate();
```

< 81 >

```
        }
    }

    const DIGIT_EXPRESSION = /^\d$/;
    const isDigit = (ch) => {
        return ch && DIGIT_EXPRESSION.test(ch);
    };

    function factorial(n) {
        if (n % 1 != 0) {
            alert("阶乘操作数必须是整数");
            return 0;
        }
        let result = 1;
        for (let i = 1; i <= n; i++) {
            result = result * i;
        }
        return result;
    }

    function get_number_end_index(str, start_index) {
        let dot_count = 0;  // 小数点数量
        let end_index = str.length;
        for (let i = start_index; i < str.length; i++) {
            if (str[i] === '.') {
                dot_count++;
                if (dot_count > 1) {
                    alert("操作数不合法，出现了" + dot_count + "个小数点");
                    return -1;
                }
                continue;
            }
            if (isDigit(str[i]) || str[i] === '.' || (i === start_index &&
             str[i] === '-'))
            {
                continue;
            }
            end_index = i;
            break;
        }
        if (start_index === end_index) {
            alert("输入不合法，需要一个数字");
            return -1;
        }
        if (str.substr(start_index, end_index - start_index) === '-') {
            if (end_index !== str.length) { // 负号后面还有内容，但不是数字
                alert("第二个操作数不合法");
            }
            return -1;
        }
        return end_index;
    }
```

< 82 >

```javascript
function calculate() {
    let input_string = input_value.innerText; // 当前用户输入的内容
    let input_length = input_string.length;   // 用户输入内容的长度
    let result = null;                        // 计算的结果
    let start_index = 0;     // 解析的起始位置
    let end_index = get_number_end_index(input_string, start_index);
            // 解析的终止位置
    if (end_index === -1) {
        return;
    }
    console.log("to parse: " + input_string.substr(start_index, end_
index - start_index))
    // 解析出第一个操作数
    let number1 = parseFloat(input_string.substr(start_index, end_
index - start_index));
    console.log("get: " + number1)
    result = number1;

    // 准备解析操作符
    start_index = end_index;
    // 判断输入是否结束
    if (start_index < input_length) {
        let operator = input_string[start_index];
        start_index ++;
        if ('+-=*^/!√'.indexOf(operator) === -1) {
            alert('输入了不支持的操作符: ' + operator);
            return;
        }
        else {
            // 判断输入是否结束，准备解析第二个操作数
            if (start_index < input_length) {
                end_index = get_number_end_index(input_string,
start_index); // 解析的终止位置
                if (end_index === -1) {
                    return;
                }
                let number2 = parseFloat(input_string.substr
(start_index, end_index - start_index));

                switch (operator) {
                    case '+':
                        result = number1 + number2;
                        break;
                    case '-':
                        result = number1 - number2;
                        break;
                    case '*':
                        result = number1 * number2;
                        break;
                    case '/':
                        result = number1 / number2;
                        break;
```

< 83 >

```
                              case '√':
                                  result = Math.pow(number2, 1 / number1);
                                  break;
                              case '^':
                                  result = Math.pow(number1, number2);
                                  break;
                      }
                  }
              }
          }
          if (input_string[input_length - 1] === '!') {
              input_value.innerText = factorial(result);
              result_output.innerText = input_value.innerText;
          }
          else if (input_string[input_length - 1] === '=') {
              input_value.innerText = result;
          }
          else if ('+-*^/√'.indexOf(input_string[input_length - 1]) !== -1) {
              input_value.innerText = result + input_string[input_length - 1];
              result_output.innerText = result;
          }
          else {
              result_output.innerText = result;
          }
      }
  </script>
```

# *4.10* 课堂实战——实现2048小游戏逻辑

3.10节实现了2048小游戏的方格绘制，支持适应屏幕大小和根据参数绘制方格。本节将实现2048小游戏的逻辑。

## 4.10.1 在方格内填入数字

在3.10节中使用<rect>标签绘制方框。对于文本，可通过<text>标签绘制，<text>标签内的文字就是要显示的文字，它的x和y属性控制文字的位置，fill属性控制填充颜色。

填入数字与绘制方格有两点主要的不同。第一，除了要生成<text>标签，还要在程序中分别保存每个方格的状态。因为程序需要根据用户的操作合并方格里的数字，程序得知道每个方格里当前的数字才能完成操作。此外，用户每次操作后，程序需要随机选择一个空白方格中并填入数字，所以，程序还需要知道哪些方格是空的。

> **注意**
>
> 事实上，也可以通过遍历已经生成的<text>标签的方法获知每个方格的状态，但该方法实现复杂，效率也无法保证，所以更好的方法是创建单独的变量保存方格状态。

< 84 >

第二，用户操作导致数字合并后，程序要清除之前的数字，并把合并后的结果显示出来，而方格是不需要重新绘制的。

要绘制的方格行数和列数都是cnt，为保存每个方格的状态，可创建一个行数、列数都是cnt的二维数组。为方便起见，我们规定数组里的元素为0时代表方格是空的，没有填入数字，如果元素非零，这个数字就是方格内当前的数字。

```
let mp = [];    // 定义一个空数组
for (let i = 0; i < cnt; i++) {
    let line = [];  // 生成一个新的行
    for (let j = 0; j < cnt; j++) {   // 填充当前行
        line.push(0); // 填充一个 0
    }
    mp.push(line);  // 把当前行插入数组中
}
```

上述代码生成了二维数组mp，该数组中的每个元素都是0。此时整个棋盘格都是空的。

对于第二点不同，可以简单地采取每次都先清除所有显示的数字，再根据mp数组中的内容重新填入所有数组的方法。这样无须对当前显示的结果和更新后的结果做对比。为了实现仅清除数字内容，可把显示数字的<text>标签放到一个单独的<g>标签中。

根据3.10节的定义，已经有如下HTML代码。

```
<svg id='svg'>
    <g id="g1"></g>
    <g id="g2"></g>
</svg>
```

方格已经占用g1。所以可在g2中插入显示数字的<text>标签。每次更新数字的显示时都先清除g2中的内容，再遍历mp，把非0的数字填入方格。可以用下面的函数putNumber实现这一逻辑。

```
function putNumber() {
    g2.innerHTML = '';  // 清空 id 为 "g2" 的元素内的所有内容
    for (let i = 0; i < cnt; i++) {
        let x = i * xw + spacex * (i+1);  // 计算方格所对应数字的 x 属性值
        for (let j = 0; j < cnt; j++) {
            let y = j * xw + spacex * (j+1);  // 计算方格所对应数字的 y 属性值
            if (mp[i][j] != 0) {   // 如果 mp[i][j] 内的元素不是0，则把这个数字填入方格
                g2.innerHTML += '<text style="font-size:'+(xw/3)+'px" x="' +
(x + (xw*2/5)) + '" y="' + (y + (xw*3/5)) + '" fill="black">'+mp[i][j]+'</text>'
            }
        }
    }
}
```

该函数用于实现清空填写数字的<g>标签，并根据mp数组的内容重新填入数字的功能。游戏的执行流程就是先绘制棋盘格，把初始的数字存到mp中，再执行putNumber填入数字，完成游戏的初始化。之后每一轮接收用户输入，如果输入合法，则根据用户输入合并数字，更新mp数组的内容，然后调用putNumber重新填写数字。

## 4.10.2 在空白方格中随机填入数字

在游戏初始化时或者每次用户合法操作后，都需要随机选择一个空白方格填入数字。游戏初始化时，填入两个数字"2"和"4"。用户操作后则填入"2"。

< 85 >

为了实现随机选择方格，需要生成随机整数，可以借助Math.random函数实现一个生成指定范围整数的函数。

```
function get_random(n) {
    return Math.round(Math.random() * n);
}
```

该函数返回0~参数n的随机整数（包含0和$n$）。例如，get_random(3)得到的将是0、1、2、3中的一个数字。

为了简便，可直接随机获取方格，如选到的方格不是空的，则重新选择，直到选到空白方格为止。但使用该方法应该注意检查棋盘上此时是否有空白方格，否则会导致死循环。

```
function add_a_number_in_empty_block(num) {
    if (!num) {
        num = 2;  // 默认数字是 2
    }
// 下面的代码用于检查是否还有空白方格
    empty_block = 0;
    for (let i = 0; i < cnt; i++) {
        for (let j = 0; j < cnt; j++) {
            if (mp[i][j] === 0)
                empty_block ++;
        }
    }
    if (empty_block === 0) {
        return 0;    // 此时没有剩余的空白方格
    }
    let x, y;
    while (true) {    // 不断随机选取方格，有可能选到非空白方格，选到非空白方格时会自动重新选择
        x = get_random(cnt-1);
        y = get_random(cnt-1);
        if (mp[x][y] == 0) {  // 如果方格是空白方格，则退出当前循环
            break;
        }
    }
    mp[x][y] = num;  // 向选中的方格填入数字
    return num;
}
```

> **!) 注意**
>
> 　　检查是否有空白方格剩余是为了程序的严谨，即使根据该游戏的逻辑，可能不会存在方格满时仍要添加数字的可能。

至此向空白方格随机填入数字的功能已实现，该游戏的初始化功能也可以根据这些功能实现。

```
add_a_number_in_empty_block(2);    // 在任意空白方格插入一个数字 2(修改 mp，但还没有显示)
add_a_number_in_empty_block(4);    // 在任意空白方格插入一个数字 4(修改 mp，但还没有显示)
putNumber();                       // 把 mp 数组中的数字显示在方格里
```

如图4.6所示，运行这些代码后，除了3.10节中绘制的棋盘格外，还会在随机的方格中显示一个数字2和一个数字4。

< 86 >

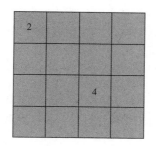

图 4.6　游戏初始化后显示的界面

### 4.10.3　合并数字操作

在2048游戏中，用户可选择4种方向对棋盘格上的数字进行合并，即水平方向的向左、向右，垂直方向的向上、向下。可以分别实现水平和垂直两个方向的合并函数，并通过参数控制合并的方向。

以向右为例，合并的操作可以描述为，先把棋盘格上所有的数字都尽量往右移动，即如果一个数字的右侧有空白方格，则把数字移动到这个方格；然后如果一个数字右侧紧邻一个相同数字，则把当前数字加到右侧数字上，当前数字的方格清空。例如，图4.7展示了棋盘上可能的一种数字分布情况。

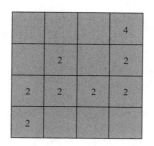

图 4.7　棋盘上可能的一种数字分布情况

执行向右合并的操作后，第一行的数字4不会变化，第二行的两个2将合并成一个4且位于棋盘格第二行最右侧。第三行的数字合并得到最右侧的8。第四行的2的位置变化到最右侧。执行向右合并后的结果如图4.8所示。

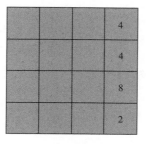

图 4.8　向右合并后的结果

合并实现的细节可以概括为3点：一是忽略空白的方格；二是合并操作可以执行多次，例如，图4.7的第三行，两个2经过3次合并才得到8；三是行或者列可以分别操作，如向右合并时，每一行都可以分别操作，和其他行互不影响。

< 87 >

　　基于这一点，为了简便，可实现一个基本的合并操作，对每一行（或者列）合并时，不断执行这个基本合并，直到无法合并时才停止。横向合并的实现代码如下。

```
function mergeX(delta) {  // delta 代表合并的方向，若为整数，则表示向左合并，若为负数，则
                          // 表示向右合并
  let s, d, e;  // s 代表每一行合并的起始位置
                // d表示根据合并的方向每次应该如何移动当前方格位置
                // e 代表每一行合并的结束位置
    if (delta > 0) {  // 根据 delta 的正负设定 s、d、e 的值
        s = cnt - 1;
        d = -1;
        e = -1;
    }
    else {
        s = 0;
        d = 1;
        e = cnt;
    }
    let flag = false;  // 是函数的返回值，用于告知调用者，当前操作是否是有效的（执行了合并或移动）
    for (let i = 0; i < cnt; i++) {
        let finish = false;  // 当前行的合并是否完成
        while (!finish) {     // 如果没有完成，则一直重复
            finish = true;  // 假设已经完成
            // 下面的循环每次操作两个方格，分别是j 方格和 k 方格
            for (let j = s; j != e; j+= d) {  // j 方格是目标方格，我们尝试将 k 方
                                              // 格移动或合并到 j 方格
                for (let k = j + d; k != e; k += d) { // k 方格是当前所操作的方格
                    if (mp[k][i] !== 0) {    // 当前方格不是空的才进行后面的判断
                        if (mp[j][i] === 0) { // 如果目标方格是空的，则可以直接
                                              // 把数字移动过来
                            mp[j][i] = mp[k][i];
                            mp[k][i] = 0;
                            finish = false;  // 本轮有操作，所以没有完成
                        }
                        else {  // 当前方格和目标方格都有数字
                            if (mp[k][i] == mp[j][i]) {  // 如果这两个方格的
                                                         // 数字相等
                                mp[j][i] *= 2;  // 目标方格的数字乘 2（即两方
                                                // 格数字相加）
                                mp[k][i] = 0;  // 当前方格数字清空
                                finish = false; // 本轮有操作，所以没有完成
                            }
                        }
                        break;
                    }
                }
            }
        }
        if (!finish)
            flag = true;
    }
    return flag;
}
```

< 88 >

纵向合并的方法也类似，这里不介绍具体代码实现。

## 4.10.4　处理用户输入

用户输入主要考虑支持触屏和键盘操作。对于触屏操作，可以通过监听body元素的ontouchstart、ontouchmove和ontouchend 3个事件实现，它们分别对应触摸开始、触摸点移动、触摸结束。实现函数touchStartHandler用于处理触摸事件。

```
let startx, starty;  // 在函数外定义变量用于保存触摸开始事件的 x、y 坐标
function touchStartHandler(e, t) {  // 参数 e 是触摸事件，参数 t 用于区分前文所述的3个
                                    // 触摸事件
    // 这段代码暂时为处理 t === 1 的情况
    e.preventDefault();  // 阻止事件的默认行为
    if (t === 0) {  // 如果是 ontouchstart，则记录触摸事件的 x、y坐标
        startx = e.changedTouches[0].pageX;
        starty = e.changedTouches[0].pageY;
    }
    let r = false;
    if (t === 2) {  // 对于触摸结束，则计算此次触摸的方向并调用相应的合并操作的函数
        let deltaX = e.changedTouches[0].pageX - startx;
        let deltaY = e.changedTouches[0].pageY - starty;
        if (Math.abs(deltaX) > Math.abs(deltaY)) {
            r = mergeX(deltaX);
        }
        else {
            r = mergeY(deltaY);
        }
        if (r) {
            add_a_number_in_empty_block ();
            putNumber();
        }
    }
}
```

向HTML代码中添加<body>标签，并把触摸相关的事件绑定到上面的函数。

```
<body ontouchstart=" touchStartHandler(event, 0)" ontouchmove="touchStartHandler
(event, 1)"
        ontouchend="touchStartHandler(event, 2)">
```

对于键盘输入，可以通过document的onkeydown事件监听所有按键，并针对不同按键做出操作。函数keydownHandler用于处理方向键输入，代码如下。

```
function keydownHandler(e) {
    let r = false;
    switch(e.keyCode) {
        case 37: // ←方向键
            r = mergeX(-1);
            break;
        case 38: // ↑方向键
            r = mergeY(-1);
            break;
        case 39: // →方向键
            r = mergeX(1);
```

< 89 >

```
            break;
        case 40: // ↓方向键
            r = mergeY(1);
            break;
    }
    if (r) {
        add_a_number_in_empty_block ();
        putNumber();
    }
}
```

该函数接收按键按下事件，通过switch...case语句，只对上、下、左、右4个方向键做处理。分别调用mergeX和mergeY函数，最后在合并操作合法的情况下，在随机的空白方格里放入数字"2"，并重新绘制所有数字。

需要通过下面的代码把document的onkeydown事件指向该函数。

```
document.onkeydown = keydownHandler;
```

至此，实现了2048小游戏通过触屏和键盘的操作。

## 课后习题

一、选择题

1. 以下关于JavaScript的说法错误的是（      ）。

   A. 无须编译，可以在浏览器中解释执行      B. 弱类型语言，定义变量无须指定类型

   C. 脚本语言，且只能在浏览器中运行      D. 可跨平台，兼容多种硬件和操作系统

2. 下面哪项不是JavaScript的内置对象或内置对象的属性？（      ）

   A. Math            B. document          C. class            D. console

3. JavaScript的主要特点是（      ）。

   A. 跨平台，嵌入式开发              B. 延迟可控，实时控制

   C. 执行效率高，可计算密集型任务      D. 贴近硬件，驱动开发

4. 以下不能用于在用户关闭浏览器后保存用户的访问状态的是（      ）。

   A. Cookie                        B. JavaScript内置的数据结构Array、Map、Set等

   C. Web Storage                   D. 下载文件

5. 以下哪项和JavaScript的流程控制无关？（      ）。

   A. return          B. alert             C. for              D. if

二、判断题

1. JavaScript支持正则表达式。                                                （    ）

2. JavaScript无法支持并行计算模式。                                          （    ）

3. JavaScript适合编写与用户交互的程序。                                       （    ）

4. JavaScript在浏览器中运行时，无法直接操作用户计算机的文件系统，所以JavaScript无法在浏览器关闭后持久地保存数据。                                                              （    ）

5. 现在多数浏览器可以方便地调试JavaScript代码。                                （    ）

6. JavaScript的标准在不断发展完善，今后有可能引入新的功能。                    （    ）

三、上机实验题

1. 对HTML5计算器的改进进行优化，具体要求如下。

< 90 >

- 支持通过键盘输入内容。
- 支持保存历史运算结果。
- 支持更多运算。

2. 对2048小游戏进行优化，具体要求如下。

- 支持撤销操作。
- 支持保存游戏状态。
- 设计游戏得分规则。
- 设计历史得分排行榜。

3. 设计一个存款利率计算器。输入存款本金、利率和存款时间，选择计息周期（比如每日计息或者每年计息），允许选择单利和复利模式。

- 单击计算后显示每个计息周期的利息。
- 单击计算后显示每个计息周期本金与利息的和。

< 91 >

# 第 5 章

# CSS3基础

CSS是串联样式表，用于渲染网页、制定样式，例如，CSS可以为文字设置大小、颜色、字体等，还可以为文本改变布局，甚至可以设计一些动态效果，提高网页的可读性。

本章主要涉及的知识点有：

- 盒模型；
- CSS选择器；
- 边距与边框；
- 元素尺寸；
- 定位方式。

## *5.1* 盒模型

在使用CSS进行页面布局时，离不开盒模型。怎么理解盒模型呢？其实CSS中的每个HTML元素都可以看成被盒模型包围起来的。

### 5.1.1 盒模型概述

盒模型是CSS中最重要的概念。每个盒模型可以看成由4个部分组成：margin（外边距）、border（边框）、padding（内边距）、content（内容）。

外边距是整个盒模型的最外层区域，是盒模型和其他元素之间的区域，可以通过margin属性设置。边框包裹着盒模型的内边距和其中的内容，可以通过border属性设置。内边距是内容和边框之间的空白区域，可以通过padding属性设置。内容是用于显示内容的区域，可以通过width和height属性设置。4个区域的布局如图5.1所示。

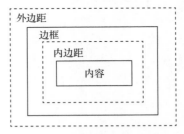

图 5.1　CSS 盒模型的 4 个区域

盒模型的大小不仅仅是由width和height确定的，由图5.1可以看出，盒模型的宽度由内容本身的宽度、内边距和边框决定，外边距影响的是盒模型和其他元素的外部边距。盒模型的宽度可以表示为：width + padding-left + padding-right + border-left + border-right。同理，盒模型的高度可以表示为：height + padding-top + padding-bottom + border-top + border-bottom。

标准盒模型的宽度和高度可通过上述公式计算。可以这样理解，width和height是内容区的大小时，盒模型是标准盒模型。浏览器一般默认使用这种盒模型，即将boxsizing属性设置为content-box。

除此之外，可以通过设置box-sizing: border-box来使用IE替代盒模型。也就是说，此时width和height是盒模型的宽度和高度，所以内容区域的大小是width和height去除边框和内边距后的大小。

## 5.1.2 在浏览器中查看盒模型

从5.1.1小节了解到，每个HTML元素都可以看成在一个盒模型中。因此，在浏览器中打开任意一个网页都可以看到盒模型。

按F12键，或者右击想要查看的HTML元素并在快捷菜单中选择"检查"命令，即可查看HTML元素，此时在"Styles"选项卡中可以查看盒模型。

图 5.2　浏览器中的盒模型

通过图5.2可以看到aside元素所在的盒模型，蓝色区域用于显示内容，绿色区域是内边距，边框区域由于使用默认大小，即数值为0，所以在浏览器上看不到明显的边框区域。橙色区域是盒模型和另一个HTML元素之间的外边距，并且从控制台可以看到外边距区域不计入盒模型的大小中。

# 5.2 CSS选择器

CSS选择器可以通过指定的方式选择HTML元素，并为选择的元素设置样式。本节主要介绍几种常用的选择器。

## 5.2.1 ID选择器

ID选择器可以通过id选择HTML元素，并为其指定样式。id具有唯一性，每个id在同一页面中只能定义一次。虽然对于CSS选择器而言，似乎没有id唯一性的限制，但对于JavaScript来说，若有多个id相同的HTML元素，则它只选择第一个出现的元素。

ID选择器通过"#"开头指定id进行HTML元素的选择。例如，可以在样式文档中定义如下ID选择器。

```
#test {
    color: blue;
}
```

这个选择器会将id为test的元素的文本颜色设置成蓝色。

< 93 >

然后在页面上指定一个id为test的HTML元素和一个普通的HTML元素。

```
<p id="test">此处为<span>ID选择器</span>的展示示例</p>
<p>此处的文本颜色为默认颜色</p>
```

此时刷新页面，就可以看到第一段文本的颜色显示成蓝色，第二段文本的颜色没有发生变化，为默认颜色。

### 5.2.2  类选择器

类选择器会通过class选择HTML元素，为所有应用了该class的元素设置样式。

类选择器通过"."开头进行HTML元素的选择。例如，设置一个名为"classDemo"的类选择器，它会把class为"classDemo"的元素的背景颜色设置为黄色。

```
.classDemo {
    background-color: yellow;
}
```

然后在页面中定义一个class="classDemo"的元素。

```
<p class="classDemo">此处为<span>类选择器</span>的展示示例</p>
```

此时在浏览器上查看，会发现这段文本的背景颜色是黄色。

如果设置多个class="classDemo"的元素，就会看到这些元素的背景颜色都是黄色。

### 5.2.3  标签名选择器

标签名选择器也叫作元素选择器，可以根据HTML标签名选择特定的元素。只需要将标签名写在样式文档里并设置样式，即可定义标签名选择器。

```
span {
    color: red;
}
```

添加以上代码并在浏览器中运行，可以看到5.2.1小节和5.2.2小节中被和包围的文本的颜色均为红色。

### 5.2.4  属性选择器

属性选择器可以为指定属性或属性值的元素设置样式。只需要使用方括号"[]"将属性或连同属性值括起来，即可定义属性选择器，如下所示。

[attr]：只匹配带有attr属性的元素。

[attr=value]：匹配带有attr属性且属性值为value的元素。

[attr^=value]：匹配带有attr属性且属性值以value开头的元素。

[attr$=value]：匹配带有attr属性且属性值以value结束的元素。

[attr*=value]：匹配带有attr属性且属性值包含value的元素。

以下面的HTML5标签作为示例。

```
<h1 title="标题">CSS选择器：</h1>
<p title="示例1" id="test">此处为<span id="test1">ID选择器</span>的展示示例</p>
<p class="classDemo">此处为<span>类选择器</span>的展示示例</p>
<p title="示例2">此处的文本颜色为默认颜色</p>
```

例如，为示例中有title属性的元素设置背景颜色。

< 94 >

```
[title] {
    background-color: rgb(71, 171, 114);
}
```

或者为有属性title且属性值为"标题"的元素设置背景颜色。

```
[title="标题"] {
    background-color: rgb(71, 171, 114);
}
```

或者为有属性title且属性值以"示例"开头的元素设置背景颜色。

```
[title^="示例"] {
    background-color: rgb(71, 171, 114);
}
```

## 5.2.5　组合选择器

一个页面的HTML元素多是嵌套的，所以使用单一的CSS选择器并不能灵活地选择页面中的元素。因此，我们需要将多种选择器组合起来使用。

常见的组合选择器有后代选择器、子元素选择器、相邻兄弟选择器、普通兄弟选择器。

下面使用一个示例来介绍这几个组合选择器的用法及效果。

```
<div>
    <span>选择器示例</span>
    <div>
        <p class="test">此处为<span id="test1">ID选择器</span>的展示示例</p>
    </div>
    <span>span元素1</span>
    <p class="test">此处为<span>类选择器</span>的展示示例</p>
    <p title="示例2">此处为示例2</p>
    <span>span元素2</span>
</div>
```

后代选择器用于选择HTML元素的后代元素。只需要将两个基本选择器用空格隔开，即可选择第一个选择器选择的元素下所有匹配第二个选择器的元素。例如，可以通过div .test选取例子中div元素下所有class="test"的元素。

```
div .test { color: red; }
```

效果如图5.3所示，div元素下所有class="test"的元素的字体颜色均变为红色。

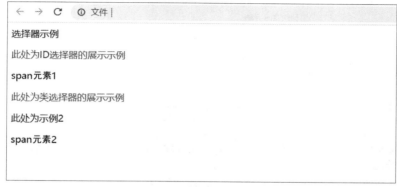

图 5.3　使用 div .test 后代选择器的效果

< 95 >

或者通过div span选择div元素下的所有span元素，设置其字体颜色为红色，效果如图5.4所示。

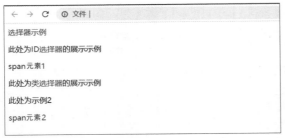

图 5.4　使用 div span 后代选择器的效果

子元素选择器用于选择HTML元素的直接子元素，而不包含嵌套的后代元素。两个选择器用"＞"分隔。例如，选择div元素下的span子元素，代码如下。

```
div>span { color: red; }
```

效果如图5.5所示。

图 5.5　使用 div>span 子元素选择器的效果

从图5.5可以看到，div>span子元素选择器只选择了div元素下面直接包含的span元素，而没有选择div元素下面p元素包含的span元素。

相邻兄弟选择器使用"＋"连接两个基本选择器，用于选择与某个元素同级且相邻的元素。例如，下面的代码。

```
div+span { color: red; }
```

以上代码用于选择与div元素相邻的span元素，并将其字体颜色设置为红色。

图 5.6　使用 div+span 相邻兄弟选择器的效果

从图5.6不难看出，div+span相邻兄弟选择器只能选择与div元素相邻的span元素，而不能选择与之有间隔的span元素。

普通兄弟选择器用"～"连接两个基本选择器，以选择与某个元素同级且在其后面的元素。例如，用下面的语句可以选择与div元素同级且在它后面的span元素。

< 96 >

```
div~span { color: red; }
```

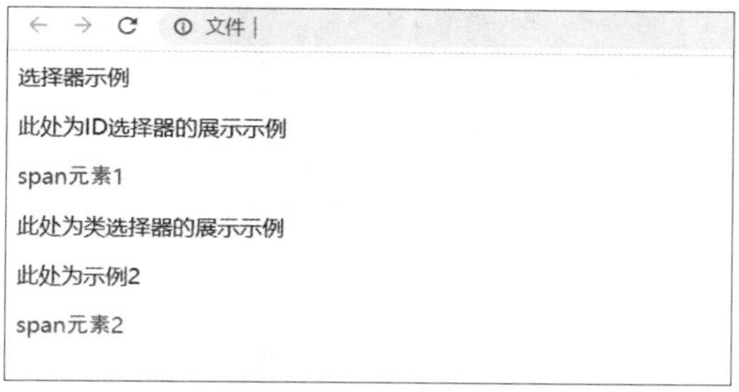

图 5.7　使用 div ~ span 普通兄弟选择器的效果

　　图5.7展示了普通兄弟选择器的一个示例，可以看到它只将div元素后面的标签名为span的兄弟元素字体颜色改为红色，而没有将在它之前的span元素的字体颜色设置为红色。

# 5.3 边距与边框

　　通过5.1节的介绍，可以了解边框与内、外边距。本节将更详细地介绍它们的相关属性。

## 5.3.1 通过margin设置外边距

　　margin可以用于设置盒模型周围与其他HTML元素的间距。因此外边距可以为正值、0，甚至负值，但如果将其设置为负值的话，则有可能会使不同元素的内容重叠。

　　可以使用margin属性设置外边距，或者使用margin-top、margin-right、margin-bottom、margin-left分别设置上、右、下、左4个方向的外边距。

　　下面使用第二种方式设置外边距，并将margin-left设置为负值。

```
<!DOCTYPE html>
<html>
    <head>
        <meta charset="utf8">
        <style>
            .test {
                margin-top: 10px;
                margin-right: 10px;
                margin-bottom: 5px;
                margin-left: -5px;
            }
        </style>
    </head>
    <body>
        <div>
            <div>
                <p class="test">此处为外边距的展示示例</p>
            </div>
        </div>
    </body>
</html>
```

< 97 >

外边距的效果如图5.8所示，内容区域相对于橙色区域左移了一部分。

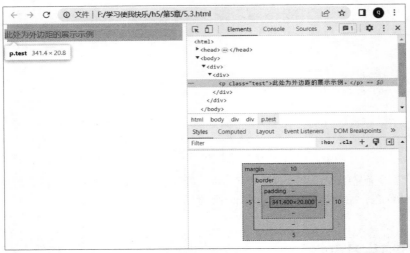

图 5.8　外边距的效果

除了使用4个属性分别设置上、下、左、右4个方向的外边距外，还可以使用margin属性设置。使用margin属性时，几个边距值用空格隔开。如果margin属性后有4个值的话，则表示上、右、下、左4个外边距；如果后有3个值，则表示上、左右、下边距；如果后有两个值，则表示上下、左右边距；如果后面只有一个值，则表示上、下、左、右4个边距是相同的。

上述示例可以简化成以下形式。

.test {  margin: 10px 10px 5px -5px;  }

将margin属性修改成以下形式。

.test {  margin: 10px 5px -5px;  }

效果如图5.9所示，从中可以看出，上述margin简化属性设置上边距为10px，左右边距为5px，下边距为-5px。

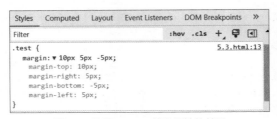

图 5.9　使用 margin 简化属性的效果

## 5.3.2 通过padding设置内边距

内边距位于内容和边框之间，padding用于设置内边距。内边距和外边距不同的是，内边距只能设置为正值和0，不能设置为负值。

和margin类似，可以通过padding简化属性同时设置4个内边距，或者使用padding-top、padding-right、padding-bottom、padding-left分别设置4个内边距。

例如，为5.3.1小节示例中的类名为test的元素设置内边距。

.test {  padding: 10px 5px 20px;  }

< 98 >

### 5.3.3 通过border设置边框

和设置内、外边距类似，可以直接使用border属性同时设置4个边框的宽度、样式和颜色，或者使用border-top、border-right、border-bottom、border-left分别设置4个边框的宽度、样式和颜色。

例如，可以使用下面这种方式为元素设置边框。

```
.test {  border: 10px red solid;  }
```

在浏览器中运行代码，将会看到内容被宽度为10px的红色实线框包围着，这就是边框。如图5.10所示，通过控制台可以发现这样的简化属性细分成诸多属性，可以使用这些细分的属性为不同的边框分别设置不同的宽度、样式和颜色等。

```
.test {
  border: ▼ 10px ■ red solid;
    border-top-width: 10px;
    border-right-width: 10px;
    border-bottom-width: 10px;
    border-left-width: 10px;
    border-top-style: solid;
    border-right-style: solid;
    border-bottom-style: solid;
    border-left-style: solid;
    border-top-color: ■red;
    border-right-color: ■red;
    border-bottom-color: ■red;
    border-left-color: ■red;
    border-image-source: initial;
    border-image-slice: initial;
    border-image-width: initial;
    border-image-outset: initial;
    border-image-repeat: initial;
}
```

图 5.10 控制台中 border 的细分属性

border-top-width、border-right-width、border-bottom-width、border-left-width这4个属性分别可以控制上、右、下、左边框的宽度，border-top-style、border-right-style、border-bottom-style、border-left-style分别用于设置4个边框的样式，比如solid表示实线，dotted表示点状实线，dashed表示虚线，double表示双实线等。border-top-color、border-right-color、border-bottom-color、border-left-color分别用于设置4个边框的颜色。可以用border-width、border-style、border-color分别简化设置4个边框的宽度、样式和颜色。

border-image属性用于设置边框图像，是CSS3新增的属性，且只有版本比较新的浏览器才支持。border-image-source用于设置边框图像的路径，通常用url函数来设置，图5.10中的initial表示将属性设置成默认值。border-image-slice用于切割图片。border-image-width用于设置边框图像的宽度。border-image-outset用于控制图像可超出边框的大小。border-image-repeat用于设置图片在边框中的填充方式，例如，是拉伸图片还是平铺图片。

## 5.4 元素尺寸

通过5.1节～5.3节的示例，读者应该对元素尺寸有所了解了。本节将具体介绍元素尺寸的设置方法。

### 5.4.1 原始尺寸

每个HTML元素都有自己的原始尺寸，原始尺寸往往是由其包含的内容决定的，即受到内容大小的影响。

< 99 >

　　将一个图片嵌入网页的img元素中，就可以很清晰地看到元素尺寸和图片尺寸的关系。例如，将名为"自然风景1.jpg"且分辨率为1706px×1280px的图片嵌入网页中，可以在控制台中看到img元素的尺寸也是1706px×1280px，如图5.11所示。

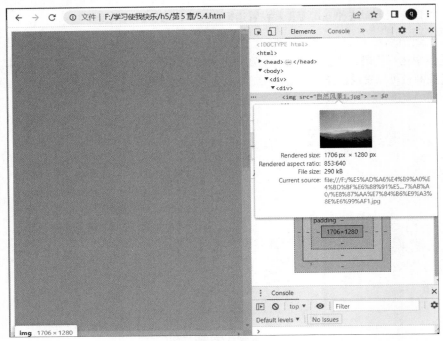

图 5.11　控制台中图片尺寸和 img 元素尺寸

## 5.4.2　固定尺寸

　　在5.4.1小节的示例中，由于图片的尺寸比浏览器窗口的尺寸大，因此直接将图片嵌入网页中，图片不能在浏览器窗口中全部显示，用户需要操作鼠标才能看到整张图片。这时需要给img元素设置一个合适的尺寸，让用户在一个屏幕内就能看到整张图片。

　　例如，将img元素的宽度和高度分别设置成960px和720px。

```
img {  width: 960px; height: 720px;  }
```

　　此时打开浏览器，就可以看到整张图片了。

　　在给元素设置固定尺寸时，要注意设置的尺寸是否能够正常展示元素内容。在下面的示例中，元素内容的大小显然超出了元素的尺寸。

```
<!DOCTYPE html>
<html>
    <head>
        <meta charset="utf8">
        <style>
            .test1 {  width: 96px; height: 72px; border: 10px solid red;  }
        </style>
    </head>
    <body>
        <div class="test0">
            <div class="test1">
```

< 100 >

　　　　　　　　这是一段介绍CSS的文本。这是一段介绍CSS的文本。这是一段介绍CSS的文本。这是一段介绍CSS的文本。这是一段介绍CSS的文本。
　　　　　　　　</div>
　　　　　　</div>
　　　　</body>
</html>

　　在浏览器中运行以上代码，可以明显地看到元素内容溢出了。显然，这个网页的设计不合理，因此，在为元素设置固定尺寸时，需要注意元素内容溢出问题。

### 5.4.3　适应元素内容

　　从5.4.2小节的示例中可以看到，设定的元素固定尺寸不合适导致了元素内容溢出。针对这种情况，合理利用5.3.2小节中的padding，即可解决元素内容溢出问题。
　　例如，可以给元素设置4个内边距。

```
.test1 {  width: 96px;  padding: 10px 5px;  border: 10px solid red;  }
```

　　效果如图5.12所示，从中可以看到元素尺寸适应元素内容的效果，这样无论元素内容有多少，都不会存在元素内容溢出的问题。

图 5.12　适应元素内容的效果

### 5.4.4　继承父元素

　　还有一种常见的元素尺寸设置方法，即将元素的宽度和高度设置为基于父元素的宽度和高度的百分数。
　　在5.4.2小节中示例的基础上，为两个div元素设置尺寸及样式。

```
.test0 {  width:1000px;  border: 10px dashed blue;  }
.test1 {  width: 75%;  padding: 10px 5px;  border: 10px solid red;  }
```

　　效果如图5.13所示，从中可以看到将内层div元素的宽度设置为75%，也就是外层div元素的宽度的75%。

图 5.13　基于父元素尺寸的元素尺寸设置效果

< 101 >

# 5.5 定位方式

通过定位可改变页面中盒模型的位置。本节将介绍3种常用的定位方式。

## 5.5.1 相对定位

每个HTML元素的默认定位方式是静态定位，即只是将元素放到文档布局流中。

相对定位和静态定位非常相似。相对定位的元素依然位于文档布局流中，但可以改变它的最终位置，该元素可以和其他元素重叠。使用相对定位需要设置position属性为relative，如下所示。

```
position: relative;
```

另外，只修改position属性，元素不会有任何变化。除此之外，还需要配合top、right、bottom、left属性同时使用，这4个属性用于指定元素相对于父元素的偏移量。例如，在5.4.4小节中示例的基础上，将其中的内层div元素设置为相对定位，并为其设置相对位置。

```
.test1 { position: relative; top:50px; left: 100px; width: 75%; padding:
10px 5px; border: 10px solid red; }
```

效果如图5.14所示，从中可以看出元素内容相对顶部偏移50px、左部偏移100px。

图 5.14 相对定位的效果

## 5.5.2 绝对定位

绝对定位和相对定位类似，也是相对于父元素的定位。但与相对定位不同的是，绝对定位的元素在文档布局流中不存在了，并且不会占用文档布局流中的位置。

把5.5.1小节示例中的相对定位改为绝对定位，其他属性不变，代码如下。

```
position: absolute;
```

在浏览器中运行代码，会出现一种奇怪的现象，如图5.15所示。内层div元素依然相对于外层div元素有一定的偏移量，但外层div元素居然变成了一条点线，而不是原本的矩形框了。这就是绝对定位的作用。可以使用绝对定位方式实现弹出信息框等可以独立于其他元素的功能，如图5.15所示。

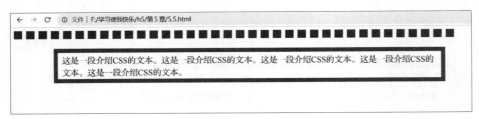

图 5.15 绝对定位的效果

< 102 >

### 5.5.3　固定定位

固定定位是指参照浏览器窗口定位元素，固定定位的元素完全脱离文档布局流，且不会随页面滚动而移动。它适用于导航栏或者页面工具组件，比如回到顶部等功能按钮。如下代码实现了固定定位。

```
position: fixed;
```

# 5.6　小结

本章主要介绍CSS3最重要的概念之一——盒模型；除此之外，还以丰富的案例介绍了CSS中的一些基础知识和排版布局。

学习CSS时，需要先了解盒模型，只有清楚地掌握了盒模型，才能更好地理解选择器、边距与边框等知识。

通过几种常用的CSS选择器和组合选择器，可以更加灵活地为某些元素设置样式、定位。内、外边距和边框是盒模型的延伸知识，在了解盒模型中的基本要素后，可以设计元素在页面中的布局。元素尺寸是元素的固有属性，几种常见的元素尺寸设置方法是CSS的基础。不同的定位方式可以让页面的表现形式更丰富。

素养课堂

通过对本章的学习，读者不仅要掌握基础的盒模型、CSS选择器、元素尺寸等知识，还要掌握相对定位和绝对定位，可以完成CSS的一些实践作业。

# 5.7　课堂实战——使用CSS3制作动态导航栏

本节的课堂实战将结合本章内容，介绍如何使用CSS3制作动态导航栏。

### 5.7.1　静态导航栏

导航栏几乎在每个网站中都会出现，其作用主要是帮助用户快速上手使用网站。因此，在设计自己的个人网站时，设计一个清晰的导航栏是很重要的。

常见的导航栏主要是由多层无序列表组成的，也就是由<ul>、<li>标签嵌套组合成的。

新建一个HTML5文档，在其中输入下面的内容并保存，这样就创建了一个静态的导航栏。

```
<!DOCTYPE html>
<html>
    <head>
        <meta charset="utf8">
        <title>导航栏</title>
    </head>
    <body>
        <div class="menu">
            <ul>
                <div class="navigation">
                    <li class="home"><a href="#home" >首页</a></li>
                    <li class="webfront"><a href="#webfront" >前端学习</a>
```

< 103 >

```
                              <ul class="frontsubbar">
                                   <li><a href="#html" >HTML5</a></li>
                                   <li><a href="#css" >CSS3</a></li>
                                   <li><a href="#javascript" >JavaScript</a></li>
                              </ul>
                         </li>
                         <li class="backend"><a href="#backend" >后端学习</a></li>
                         <li class="community"><a href="#community" >社区讨论</a></li>
                    </div>
               </ul>
          </div>
     </body>
</html>
```

以上代码设计了一个有4个菜单的导航栏，并且其中一个菜单下还有子菜单。在HTML中，它是由多个<ul>和<li>标签嵌套完成的。

在浏览器中打开该HTML5文档后，会显示一个静态导航栏，如图5.16所示。

图5.16中的导航栏不如平时浏览的网站中的导航栏那样好看，这样恐怕会流失很多潜在用户。5.7.2小节将介绍如何美化导航栏。

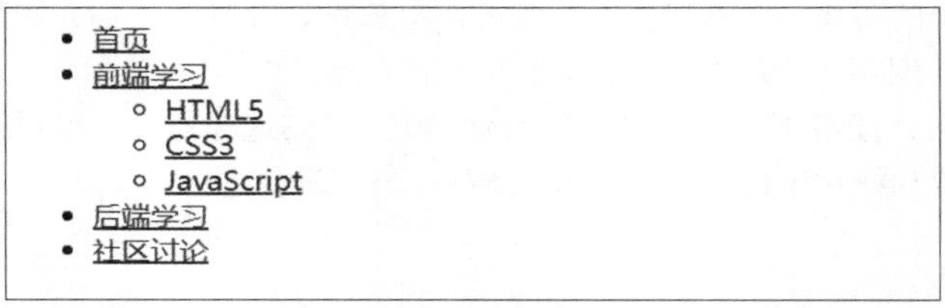

图 5.16　静态导航栏

## 5.7.2　使用CSS3美化导航栏

从5.7.1小节中可以看到，静态导航栏有一些需要改进的地方：一是列表项前面的黑点需要去掉；二是链接下面的下画线需要去掉；三是要把列表项变成横向排列的，以节省屏幕空间。除此之外，还可以改变字体、间距等样式。

首先，将列表项前的黑点去掉。

```
li {
    list-style: none;
}
```

接着去掉链接下面的下画线。

```
a {
    text-decoration: none;
}
```

最后设置背景颜色为蓝色，字体颜色为白色，并设置导航栏的宽度和高度等。

```
.menu {
    background-color: rgb(14, 4, 108);
    width: 100%;
    height: 50px;
}
```

< 104 >

```
.navigation li {
    height: 100%;
}
.navigation li a {
    font: 16px;
    color: white;
    padding: 30px 30px;
}
.navigation li ul li {
    padding: 0 0.5em;
    background: rgb(14, 4, 108);
    text-align: center;
}
```

然后将列表项变成横向排列，并增加大小和间距的设置。

```
.navigation {
    display: flex;
    height: 100%;
    line-height: 50px;
    max-width: 600px;
    padding: 0 20px;
}
```

添加这些CSS样式后导航栏的效果如图5.17所示。

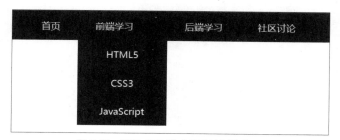

图 5.17  增加 CSS 样式后导航栏的效果

至此导航栏的效果已经有了一定的提升，但还需要增加动态效果，比如当鼠标指针指向菜单时高亮显示并展开子菜单。

### 5.7.3  使用CSS3实现动态效果

希望子列表项（即子菜单）只有在鼠标指针指向相应列表项时才会显示。为子列表项设置鼠标指针滑过动画。

```
.navigation li ul {
    display: none;
    position: absolute;
}
.navigation li:hover .frontsubbar {
    display: block;
}
```

< 105 >

　　.navigation li ul用于设置没有鼠标指针指向菜单时的效果，display属性为none，即子菜单不会显示。当鼠标指针指向菜单时，display属性变为block，子菜单就会显示出来。

　　最后为每个元素设置样式，让整个导航栏看起来更加清晰美观。整个CSS样式代码如下。

```css
*{
    margin: 0;
    padding: 0;
}
li {
    list-style: none;
}
.navigation {
    display: flex;
    height: 100%;
    line-height: 50px;
    max-width: 600px;
    padding: 0 20px;
}
a {
    text-decoration: none;
}
.menu {
    background-color: rgb(14, 4, 108);
    width: 100%;
    height: 50px;
}
.navigation li {
    height: 100%;
}
.navigation li:hover {
    background: rgb(51, 100, 148);
}
.navigation li a {
    font: 16px;
    color: white;
    padding: 30px 30px;
}
.navigation li ul {
    display: none;
    position: absolute;
}
.navigation li ul li {
    padding: 0 0.5em;
    background: rgb(14, 4, 108);
    text-align: center;
}
.navigation li:hover .frontsubbar {
    display: block;
}
```

　　最终的导航栏实现效果如图5.18所示。

< 106 >

图 5.18　增加 CSS 动态效果后的导航栏

# 课后习题

## 一、选择题

1. 盒模型由哪几部分组成？（　　　）
   A．border（边框）　　　B．padding（内边距）　C．content（内容）　　　D．以上都是
2. 以下属于CSS组合选择器的是（　　　）。
   A．后代选择器　　　　　B．子元素选择器　　　C．相邻兄弟选择器　　D．以上都是
3. 以下不属于CSS的功能的是（　　　）。
   A．设置字体　　　　　　B．设置间距　　　　　C．输出变量的值　　　D．设置宽度
4. 下列关于CSS3的说法正确的是（　　　）。
   A．CSS3可通过选择器批量为HTML元素设置样式
   B．CSS3代码可以内嵌在HTML代码中，但最好放到单独的文件中
   C．CSS3可以实现动态效果，比如鼠标指针指向元素时的特殊样式
   D．以上都对
5. 如何使用CSS实现固定元素在浏览器窗口最上方，而不随着页面滚动而移动？（　　　）
   A．元素定位方式设置为绝对定位，并指定其top属性为0
   B．元素定位方式设置为固定定位，并指定其top属性为0
   C．元素定位方式设置为静态定位，并指定其top属性为0
   D．CSS无法实现此功能

## 二、判断题

1. CSS的基础是盒模型。 （　　　）
2. 常用的CSS选择器有ID选择器、类选择器、标签名选择器、属性选择器。 （　　　）
3. margin属性不可以设置为负值。 （　　　）
4. 每个元素都有原始尺寸，但不会受到其中内容大小的影响。 （　　　）
5. 可以合理利用padding解决元素内容溢出问题。 （　　　）
6. 绝对定位不会占用文档布局流中的位置。 （　　　）

## 三、上机实验题

1. 尝试将课堂实战中设计的导航栏固定在浏览器窗口最上方，且不随页面滚动而移动，保证用户在浏览页面时总能看到导航栏。
2. 请使用HTML5和CSS3设计一个聊天对话页面。
3. 请使用CSS3优化第2章课堂实战中制作的HTML5相册的布局。

< 107 >

# 第6章 HTML5页面加载

页面加载是浏览器解析HTML5文档、构建DOM、计算元素位置、获取需要的资源、最终渲染显示的过程。HTML5文档是文本文件，但可以引用多种资源，页面加载的过程中除了解析和计算，还需要获取需要的资源。本章将介绍浏览器加载HTML5页面的细节。

本章主要涉及的知识点有：

- HTML页面加载过程；
- 请求资源；
- 浏览器缓存；
- 动态加载；
- 加载过程中触发的事件。

## 6.1 HTML5页面加载过程

HTML5页面的加载除了要获取HTML5文档本身，可能还要获取额外的资源，如图片、视频等多媒体资源。浏览器将按照一定流程获取和渲染这些资源，并最终完成页面加载过程。

### 6.1.1 页面加载过程概述

浏览器在解析HTML5页面的过程中，会根据标签构建DOM的元素、解析CSS属性、计算元素尺寸和位置、运行JavaScript代码，同时根据解析得到的内容渲染页面，并将其转换为可视或听的内容展现给用户。这是浏览器加载页面的主要过程。

通常为了减少用户的等待时间，在页面还未全部解析的情况下，浏览器会把已经解析得到的元素先渲染出来并展示。但此时由于JavaScript和CSS等资源可能还没有来得及处理，先展示的内容可能和最终展示的内容并不相同，比如缺乏格式。

### 6.1.2 请求资源

HTML5文档可以引用多种外部资源，包括多媒体资源，也包括JavaScript和CSS这样的代码资源。这些资源的获取可以与HTML5文档的解析渲染同时进行。下面的代码引用了两张图片和一个代码文件。

```
<img src='1.jpg'>
<script src='a.js'></script>
<img src='2.jpg'>
```

开启浏览器开发者工具后，运行代码，在"网络"选项卡中可以看到浏览器请求的资源详情，如图6.1所示。

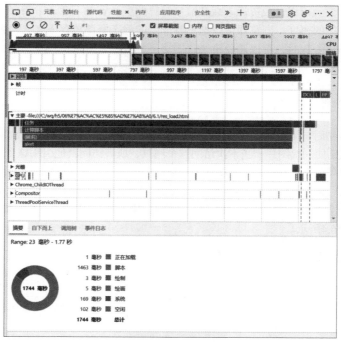

图 6.1　加载 HTML5 文档时浏览器请求的资源详情

在图6.1中，从上到下是浏览器请求资源的顺序，先请求的是HTML5文档本身，在解析HTML文档过程中，先后发出对"1.jpg""a.js"和"2.jpg"3个资源的请求。页面载入总耗时为1.13秒。通过时间线可以看到每个资源的加载开始时间和完成时间。

## 6.1.3　加载过程耗时分析

在开发者工具中单击录制按钮后，浏览器将记录页面加载过程中的各部分耗时情况。前面的示例页面加载过程的耗时情况如图6.2所示。

图 6.2　示例页面加载过程的耗时情况

开发者工具上方是时间轴，可在这里选择要查看的时间范围。在时间轴下方显示对应时间范围的页面内容的快照，当鼠标指针悬停在快照上时可显示详细画面。快照下方显示选定范围内的性能记录详情。勾选工具栏上的"内存"复选框可以在快照下方显示内存使用情况。

< 109 >

图6.3展示了"调用树"选项卡中的内容。

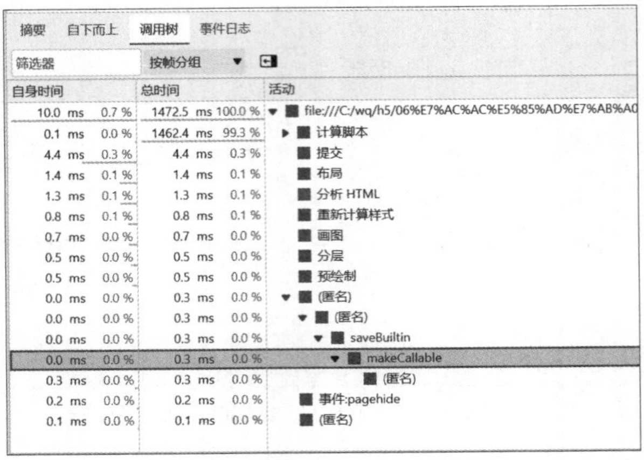

图 6.3 "调用树"选项卡中的内容

"调用树"选项卡中展示了各个活动及调用关系，所有活动都由HTML5文档的加载引发。该选项卡中展示了每个活动自身时间，以及包含它所调用的子事件的执行时间的总时间。

# 6.2 浏览器缓存

浏览器加载耗时大致可以分成资源下载和渲染计算两类。资源下载通常需要通过网络完成，完成的时间取决于网络连接的速度。浏览器可以把不常改变的静态资源缓存下来，当再次访问相同页面，或者多个页面引用相同资源时，可以避免再通过网络下载资源，直接从缓存读取，从而提高页面加载速度。

## 6.2.1 浏览器缓存的作用

浏览器在打开网站时，下载的资源可能会被写入用户计算机的本地存储（比如硬盘），其中有一些资源是不常改变的，比如一幅图片。当下次访问这个网页，或者访问其他引用这个资源的网页时，浏览器如发现本地存储中存在这个资源，则直接从本地存储中读取它，从而避免通过网络再次下载。

安装Python3后，通过命令python -m http.server在6.1节的res_load.html页面路径下启动一个HTTP服务器，然后通过浏览器访问页面http://127.0.0.1:8000/res_load.html。第一次加载该页面时，"网络"选项卡中的内容如图6.4所示。

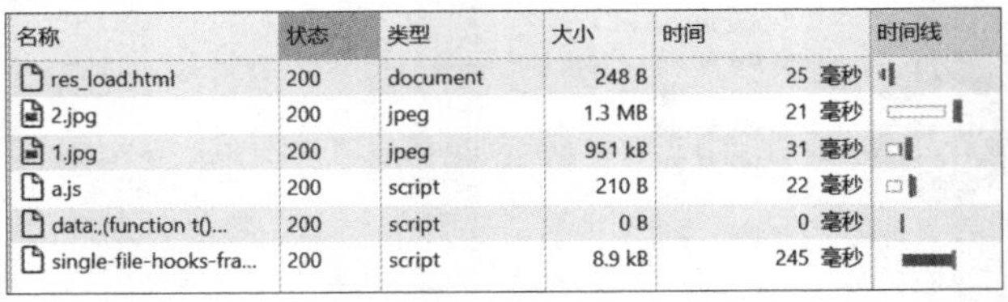

图 6.4 第一次加载 res-load.html 网页时"网络"选项卡的内容

两张图片传输的数据大小分别是1.3MB和951KB，JavaScript文件a.js传输的数据大小是210B，与这些文件的实际大小大致符合（网络传输过程中可能会对资源进行压缩）。但这时刷新该页面，"网络"选项卡中的内容如图6.5所示。

< 110 >

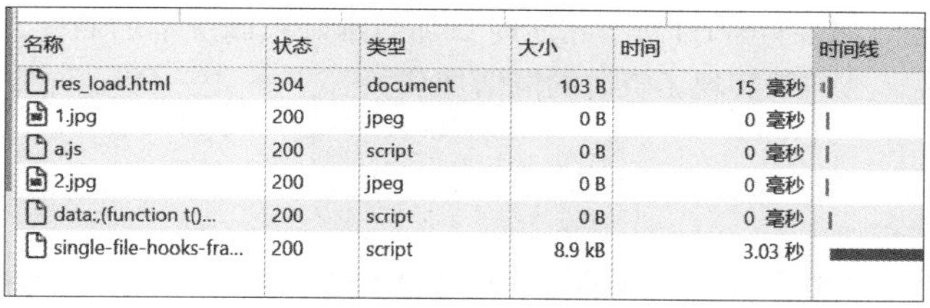

| 名称 | 状态 | 类型 | 大小 | 时间 | 时间线 |
|---|---|---|---|---|---|
| res_load.html | 304 | document | 103 B | 15 毫秒 | |
| 1.jpg | 200 | jpeg | 0 B | 0 毫秒 | |
| a.js | 200 | script | 0 B | 0 毫秒 | |
| 2.jpg | 200 | jpeg | 0 B | 0 毫秒 | |
| data:,(function t()... | 200 | script | 0 B | 0 毫秒 | |
| single-file-hooks-fra... | 200 | script | 8.9 kB | 3.03 秒 | |

图 6.5　刷新 res-load.html 网页后“网络”选项卡的内容

两张图片和a.js文件传输的数据大小都变成0B，时间也变为0毫秒，这就意味着此时这3个资源来自浏览器缓存，所以没有任何网络消耗。有些浏览器会显示这些资源来自缓存，但有的浏览器不会。

**注意**

res_load.html文件传输的数据大小既没有变成0B（0B意味着它来自缓存），也不是原来的大小，其状态从200变为304。304意味着资源未改变，这说明浏览器虽然在本地存储中找到了res_load.html，但仍然向服务器发送请求，询问本地存储中的资源和服务器上的资源是否一致，服务器答复资源未改变，所以浏览器采用了本地存储中的版本。

但使用缓存中的资源时也存在一个问题，在上面示例的基础上，把两张图片的名称互换，甚至直接把图片删除，刷新后页面不会有任何变化，修改a.js的内容也同样不会引起页面的任何变化。这是因为浏览器直接从缓存中读取了这些资源，而没有向HTTP服务器发送请求。

这个问题源于浏览器假定某些类型的文件不会被修改，如图片、JavaScript代码文件。但在极少数情况下并非如此。不同的浏览器有不同的缓存策略，比如HTML文件往往不会被缓存，因为这些缓存策略认为HTML文件容易被修改。

### 6.2.2 避免浏览器缓存的问题

在使用浏览器时，如果怀疑遇到缓存导致的问题，则可以通过浏览器开发者工具关闭浏览器缓存，也可以选择开启开发者工具时禁用缓存，还可以选择清除缓存。

从HTML5开发者的角度来看，要避免缓存带来的问题，先要了解浏览器的缓存机制。对于易被缓存的资源，不要直接编辑其内容，比如在HTTP服务器上直接替换图片，但不修改图片名称或路径。

在实践中，在易被缓存的资源的名称中加入资源修改的时间或者资源的哈希值，这样资源被修改后，名称也会变化，同时更新HTML5文档中对资源的引用。也可以不重命名资源，而只修改HTML5文档。比如下面的代码用于给<script>标签的src属性中的URL增加一个没有实际用途的参数，每次更新文件后修改这个参数。

```
<script src='a.js?version=1'></script>
```

但这种方法可能会影响某些浏览器的缓存策略，从而导致缓存无法工作。

## 6.3 动态加载

HTML5应用中包含大量资源，但用户使用时往往不会立刻看到或用到所有的资源。动态加载是指根据一定的条件触发资源加载，懒惰加载则是指仅当用户需要时才加载相应资源。

例如，第2章课堂实战中的HTML5相册可能包含很多张照片，但刚打开它时，限于屏幕大小，只有一部分照片显示出来。如果打开HTML5相册时只加载刚好填满屏幕的照片，等用户滚动浏览器窗口时继续加载更多照片，这样就实现了资源的懒惰加载。

## 6.3.1　AJAX

　　AJAX（Asynchronous JavaScript and XML，异步JavaScript和XML技术）是JavaScript中实现HTML应用与HTTP服务器动态通信的方法。

　　AJAX可以在页面不刷新的情况下向服务器发送请求，既可以向服务器传递信息，又可以从服务器下载新的内容。

> **注意**
>
> 　　AJAX是可以实现懒惰加载或动态加载的技术之一，例如，第4章介绍过的使用JavaScript动态修改HTML内容也可以实现懒惰加载。但AJAX拥有很强的灵活性，可以方便地通过HTTP请求从服务器获取信息。

　　异步是指AJAX的请求发送和服务器返回的响应是分开的。JavaScript先发送请求，等服务器的响应到达后，浏览器会触发相应的事件，需要在这些事件上绑定处理函数实现对服务器响应的处理。用于处理服务器响应的函数常被称为回调函数。

　　与异步相对的是同步，同步是指发送完请求后，程序暂停，直到服务器响应返回时才继续执行。

　　上述的请求发送和处理通过XMLHttpRequest对象实现。XMLHttpRequest对象支持异步和同步两种方法，其同步请求的使用示例如下所示。

```
<meta charset='utf8'>
<button onclick="get_data()">单击发送AJAX请求</button>
<script>
let xhr = null; // 创建 xhr 变量

function get_data() {
  xhr = new XMLHttpRequest();      // 创建 XMLHttpRequest 对象
  xhr.open("GET","a.txt",false);   // 指定HTTP请求的方法是 GET 方法，请求的资源是"a.txt"
                                   // 第三个参数 false 代表使用同步的方式
  xhr.send();                      // 发送请求，因为是同步请求，这一步直到服务器返回响应才结束
  let result = xhr.responseText;   // 接收服务器的响应
  alert("a.txt内容是: " + result); // 通过alert 把服务器的响应显示出来
}
</script>
```

　　把这段代码保存为"ajax.html"，同时创建一个文本文件"a.txt"，可以在其中写入任意内容，将其和"ajax.html"放在同一目录下。使用python -m http.server命令在这个目录启动HTTP服务器。在浏览器中访问"ajax.html"。单击按钮后，浏览器弹出弹窗并显示"a.txt"中的内容。

　　如需使用异步的方式，则可把open方法中的第三个参数设为true或者省略该参数使用默认值，即true，示例代码如下。

```
<meta charset='utf8'>
<button onclick="get_data()">单击发送AJAX请求</button>
<script>
let xhr = null; // 创建 xhr 变量
```

< 112 >

```
function process_response() { // 这个函数用来处理服务器响应
    if (xhr.readyState==4) { // 这个函数将被调用多次，readyState===4表示服务器响应已经准
                             // 备好
        if (xhr.status == 200) {        // status 是状态码，200表示服务器响应正常
            let result = xhr.responseText;    // 接收服务器的响应
            alert("a.txt内容是: " + result);    // 通过alert 把服务器的响应显示出来
        }
        else {
            alert("发送错误");
        }
    }
}

function get_data() {
    xhr = new XMLHttpRequest();        // 创建 XMLHttpRequest 对象
    xhr.open("GET","a.txt",false);
    xhr.onreadystatechange=process_response; // 与同步请求的不同之处，设置在触发
onreadystatechange
                        // 事件时执行上面定义的处理响应的函数process_response
    xhr.send();                // 发送请求，因为是异步请求，请求发送后就立刻结束执行该语句
                        // 但这时服务器的响应可能还有没返回，所以后面无法直接处理请求
}
</script>
```

这段代码与同步版本代码的效果类似。原因是这里请求的"a.txt"资源较小，且在本地。如果请求的资源较大，则使用同步方式可能造成页面较长时间无响应。

## 6.3.2　使用fetch和服务器通信

fetch是JavaScript中一个新的用于和服务器通信的接口，和XMLHttpRequest类似，但使用起来更便捷。fetch支持JavaScript的异步特性是基于Promise对象实现的，关于Promise对象的详细内容见7.4.5小节。下面给出了使用fetch获取资源"a.txt"的示例代码。

```
<meta charset='utf8'>
<button onclick="get_data()">单击发送AJAX请求</button>
<script>
    function get_data() {
        fetch("a.txt").then((response)=>{
            return response.text();
        }).then((data)=>{
            alert("a.txt内容是: " + data);
        })
    }
</script>
```

## 6.3.3　根据滚动条的位置触发动态加载

6.3.1小节和6.3.2小节的示例实现了单击按钮后动态加载资源。当把加载资源的函数绑定在其他事件上时，可以实现其他触发动态加载的方法。

常用的有根据页面滚动条的位置触发动态加载，比如页面滚动到底部时或接近底部时触发新内容的加载。

< 113 >

```
<div id='content'>
</div>
<script>
let height = window.innerHeight;              // 获取窗口内高度
content.style.height = (2*height) + "px"; // 把内容元素的高度设为窗口内高度的两倍
                                          // 内容元素大小超过窗口大小时，会出现滚动条
window.addEventListener('scroll', function(e) { // 在窗口滚动事件上绑定匿名函数
                                          // 这意味着窗口滚动条移动时，会触发匿名函数
    let body = document.body;  // 通过 document 对象获取 body 对象
    console.log(    //输出4个值
        'body.clientHeight', body.clientHeight,   // body 的高度
        'body.scrollTop', body.scrollTop,         // body滚动条与顶部的距离
        'body.scrollHeight', body.scrollHeight, // body 滚动条高度
        'scrollHeight - scrollTop- clientHeight ', body.scrollHeight-body.
scrollTop-body.clientHeight,
        // 当滚动条高度减去滚动条与顶部的距离和body本身的高度的值等于或接近0时，说明滚动条到达了底部
    );
});
</script>
```

这段代码用addEventListener函数把一个匿名函数绑定在window的scroll事件上。当滚动条滚动时，匿名函数会被调用。需要注意的是，匿名函数由函数表达式function()创建，不需要为其设置函数名。

addEventListener函数中用到body元素的clientHeight、scrollTop和scrollHeigh这3个属性，它们的单位都是px。clientHeight是只读的，代表元素在当前屏幕内的高度（超过屏幕的部分不计）。scrollTop代表元素在水平方向上滚动过的距离。scrollHeight是只读的，代表元素的总高度。

当clientHeight+scrollTop等于或接近scrollHeight时，说明滚动条已经到达或接近页面底部。

> **!注意**
>
> 有时候滚动条到达页面底部，clientHeight+scrollTop和scrollHeight仍会有一定差距。

由于随着滚动条的移动，addEventListener函数会被调用很多次，所以需要在addEventListener函数中判断滚动条到达指定位置才触发动态加载动作，运行示例代码且滚动条滚动时控制台的输出如图6.6所示。

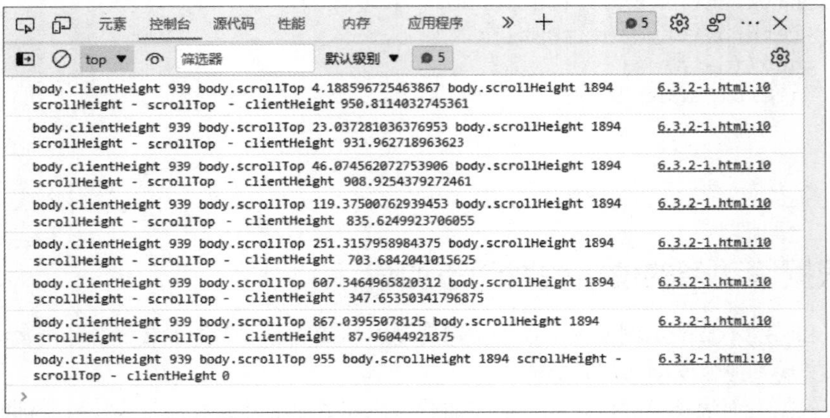

图 6.6  运行示例代码且滚动条滚动时控制台的输出

< 114 >

### 6.3.4　根据时间触发动态加载

除了根据滚动条的位置触发动态加载外，还可以根据时间触发动态加载。它常用的场景有自动轮播或者榜单的定时刷新等。

setInterval(func, delay, [可选参数列表])函数可以接收一个函数func和一个以毫秒为单位的时间间隔参数delay，每隔delay毫秒，函数func就会被调用一次。它可以用于周期性加载资源。

setTimeout(func, delay, [可选参数列表])和setInterval类似，但setTimeout只会让函数执行一次。

这两个函数的返回值都是整数，代表定时器的id。如果需要取消定时器，则可以调用clearInterval或者clearTimeout函数。下面的代码演示了setInterval和clearInterval函数的使用方法。

```
<div id='content'>
</div>
<button onclick='start()'>开始</button>
<button onclick='stop()'>停止</button>
<script>
let outputCount = 0;
let intervalId = 0;

function start() {
  intervalId = setInterval(function () {
    outputCount++;
    content.innerHTML += '<p>第' +outputCount+ '次输出</p>'
  }, 1000);
}

function stop() {
  clearInterval(intervalId);
}
</script>
```

单击"开始"按钮后，调用setInterval函数。每隔1秒在div元素中插入一条输出内容。单击"停止"按钮后暂停输出。图6.7展示了代码的部分输出结果。

可以在setInterval接收的函数中创建新的元素触发资源加载，或者发送AJAX请求，获取新内容后显示。

图 6.7　代码的部分输出结果

# 6.4　使用JavaScript监控页面加载和运行情况

页面加载时间长短、页面加载过程中出现的错误等都关系到用户体验。HTML5应用在用户的浏览器中运行时，由于每个用户的网络环境、设备型号、软件版本等有差异，可能会遇到多种多样的问题。

JavaScript可以通过监听特定事件和访问浏览器接口，监控页面加载和运行过程中的问题，帮助开发者和应用管理者了解HTML5应用在用户浏览器中的实际表现。

### 6.4.1　页面加载过程中可能遇到的问题

在页面加载过程中常见的是页面加载时间问题。页面加载时间长是用户体验差的重要原因。页面

< 115 >

加载时间和用户的网络环境、HTTP服务器的负载、用户设备的性能、用户浏览器的版本、操作系统版本等多种因素相关。

因为页面加载时间受到很多因素影响，且部分因素来自用户，难以在测试环境中准确估计。故对于重要页面，有必要在浏览器中测量其加载时间，并收集可能影响页面加载的因素。

> **注意**
>
> 在HTML5程序中收集客户端信息时应该注意保护用户隐私安全，只收集必要信息，如需使用用户隐私数据时，必须遵守相关法律法规，必须明确通知用户并得到用户的同意。

如果仅是页面加载缓慢，则通常不会影响HTML5程序的功能。

另一个页面加载过程中的常见问题是资源加载错误和运行异常。这些问题可能导致页面运行异常，JavaScript可以检测和捕获这些异常信息。

要解决这些问题需要先收集这些异常信息并汇总分析，然后才能针对问题提出解决方案。

## 6.4.2 页面加载过程中触发的事件

loadstart是资源开始加载时触发的事件。

window的load事件会在整个页面及依赖的资源（包括CSS代码、JavaScript代码和图片等）加载完毕被触发。通常可以选择这个事件触发的时间作为页面加载完成的时间。

DOMContentLoaded在HTML5文档加载和解析完成时触发，但这个时候图片、代码等资源可能还没有下载和加载完毕。下面的代码用于在document上绑定DOMContentLoaded事件。

```
document.addEventListener("DOMContentLoaded", (event) => {
  console.log("DOM 加载完毕");
});
```

另外，还可以通过document.readyState判断HTML5文档是否已经加载和解析完成。HTML文档加载和解析完成后，这个属性的值变为"complete"。

## 6.4.3 获取页面加载时间

window.performance.timing用于记录页面加载相关的时间。在它的属性中，navigationStart是浏览器开始加载页面的时间；domainLookupStart和domainLookupEnd是DNS（Domain Name System，域名系统）查询开始和结束的时间；connectStart是浏览器和HTTP服务器开始建立连接的时间；connectEnd是浏览器和HTTP服务器建立连接完成的时间；domComplete是HTML5文档解析和加载完成的时间；loadEventStart和loadEventEnd是load事件开始和结束的时间。

可以通过window.performance.timing的属性获取页面加载时间，但有的浏览器不支持该接口。当浏览器不支持该接口时，可以通过6.4.2小节介绍的load事件或DOMContentLoaded事件得到相应页面加载阶段完成的时间。

可以在HTML文件的<head>标签后添加一段代码，使用Date.now获取近似的页面加载开始时间。下面的代码使用这种方法获取页面加载时间。

```
<html>
    <head>
        <title>页面加载时间</title>
    </head>
    <script>
        let pageLoadStart = Date.now();
```

< 116 >

```
    </script>
    <body>
    <img src='1.jpg' width='50%' />
    <div id='output'>
    </div>
    <script>
        let DOMContentLoadedEndTime;
        let loadEndTime;
        document.addEventListener("DOMContentLoaded", (event) => {
            DOMContentLoadedEndTime = Date.now();
            output.innerHTML += '<p>DOM加载时间: ' + (DOMContentLoadedEndTime -
pageLoadStart) + '毫秒</p>'
        });
        window.addEventListener("load", (event) => {
            loadEndTime = Date.now();
            output.innerHTML += '<p>页面及资源加载时间: ' + (loadEndTime -
 pageLoadStart) + '毫秒</p>'
        });

    </script>
    </body>
</html>
```

　　这段代码中包含两段JavaScript代码和一张图片。第一段JavaScript代码在<head>标签之后，通过Date.now()获取代码运行到这里的时间，将其作为近似的页面加载开始时间。第二段JavaScript代码定义了两个回调函数，一个监听document的DOMContentLoaded事件，另一个监听window的load事件，分别记录DOM加载完毕的时间和页面加载完毕的时间。

　　Data.now返回的是代码运行时的Unix时间戳，单位是毫秒。Unix时间戳是一个数字，表示从1970年1月1日0时开始经历的时间。比如Unix时间戳0代表1970年1月1日0时。图6.8展示了在浏览器中打开以上页面的结果。

> DOM加载时间：1毫秒
>
> 页面及资源加载时间：34毫秒

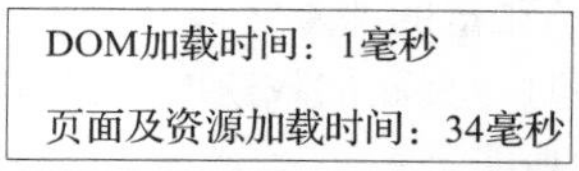

图 6.8　在浏览器中打开以上页面的结果

　　要收集页面加载时间，可以通过AJAX请求把获取到的页面加载时间发送到服务器。

## 6.4.4　捕获运行异常

　　在浏览器中，资源加载和JavaScript代码运行过程中都可能遇到异常。比如指定资源不存在、服务器返回错误状态码，以及JavaScript代码本身的错误等。

　　JavaScript可以使用try-catch语句捕捉特定范围内的运行异常，还可以通过error事件捕获更大范围内的运行异常。对于图片等静态资源，可以在相应标签中添加onerror属性绑定函数处理其加载失败事件。

　　捕获运行异常后，可以采取补救措施，以及通过AJAX请求向服务器报告异常。下面的代码使用try-catch语句捕获异常，并通过fetch把异常信息发送到服务器。

```
<meta charset='utf8'>
<script>
    try {
        // 可能出现异常的代码
    } catch (error) {
        fetch("/report/error/", {
            method: "POST",
```

< 117 >

```
        body: JSON.stringify({
            error: error
        })
    })
}
</script>
```

服务器应该在"/report/error/"上实现只有接收POST请求的逻辑，才能收到和处理这段代码发送的异常信息。

# 6.5 小结

本章介绍了HTML5页面加载相关的内容。广义的页面加载包括浏览器发出请求、服务器返回请求、浏览器收到响应后解析HTML5文档、构建DOM，并请求资源文件（如果需要），最终渲染显示。

狭义的页面加载主要包括浏览器解析和处理HTML5文档及其依赖资源的部分，这一部分是用户体验的关键，但脱离了HTTP服务器的控制。只有了解了HTML页面加载机制，才能更好地开发HTML5应用程序和实现HTML5程序性能及功能监测。

# 6.6 课堂实战——动态加载HTML5相册

第2章的课堂实战开发了HTML5相册，但该相册打开时会请求并载入所有图片。当相册中的图片很多时，页面加载速度很慢，页面消耗资源也很多。本节将在第2章的HTML5相册的基础上实现动态加载功能。

## 6.6.1 使用JavaScript生成<img>标签

要实现动态加载，先要实现使用JavaScript动态产生<img>标签，而不是直接在HTML代码中写出所有图片的<img>标签。

第2章中的HTML5相册分为风景、动物两类，风景又分为秋季和夏季两个子类。可以按照类别定义照片列表，这样HTML代码部分将变得非常简单，仅有一个空的<div>标签用于存放动态加载的内容。

```
<!DOCTYPE html>
<html>
<head>
<meta charset="utf8">
<title>我的相册动态版</title>
</head>
<body>
    <div id='content'>
    </div>
</body>
```

在JavaScript代码部分定义相册分类，以及每个分类包含的照片资源，并实现了根据分类生成HTML标签的方法。

< 118 >

```
<script>
    // 定义相册的分类
    let album = {
        'album': { // album 中包含的是相册的分类
            '风景': {
                'album': { // 风景类中包含两个子类
                    '秋季': {
                        // imgs 中包含子类的照片列表
                        'imgs': ['1.jpg', '2.jpg', '3.jpg', '4.jpg', '5.jpg',
'6.jpg', '7.jpg']
                    },
                    '夏季': {
                        'imgs': ['8.jpg']
                    },
                }
            },
            '动物': {
                'imgs': ['9.jpg', '10.jpg']
            }
        }
    }
    //生成HTML5标签的方法
    function loadAlbum(title, album, i) {
        let html = ''; // 定义空的字符串
        if (title) {   // 如果有标题, 则生成标题
            html += '<h' + i + '>' + title + '</h'+i+'><hr>\n';
            i ++;
        }
        if (album['imgs']) {
            for (let img of album['imgs']) {
                html += '<img width="45%" src="' + img + '">\n';
            }
        }
        if (album['album']) {
            for (let sub_album in album['album']) {
                html += loadAlbum(sub_album, album['album'][sub_album], i);
            }
        }
        return html;
    }
    //调用 loadAlbum 函数, 并把它生成的HTML代码放到id为content的标签内
    content.innerHTML = loadAlbum(null, album, 1);
</script>
```

　　这里通过loadAlbum生成的HTML代码几乎和第2章HTML5相册的HTML5代码一致。这里为了让页面更长，把照片宽度从18%增加到45%，这样每行只显示两张照片。

## 6.6.2　单击加载照片

　　本小节实现打开相册仅显示相册分类标题的功能，当单击"加载照片"按钮时加载对应分类的照片。给loadAlbum添加一个参数loadImage，当loadAImage为true时，其功能和6.6.1小节的相同，直接显示出所有照片；当loadImage为false时，不显示照片，而显示"加载照片"按钮。修改后的

< 119 >

loadAlbum函数如下所示。

```javascript
function loadAlbum(title, album, i, loadImage) {
    let html = '';
    if (title) {
            html += '<h' + i + '>' + title + '</h'+i+'><hr>\n';
            i ++;
    }
    if (album['imgs']) {
        if (loadImage) {
                for (let img of album['imgs']) {
                        html += '<img width="45%" src="' + img + '">\n';
                }
        }
        else {
            html += '<div><button onclick=\'loadImage(this, ' + JSON.
stringify(album['imgs']) + ')\'>加载照片</button></div>';
        }
    }
    if (album['album']) {
            for (let sub_album in album['album']) {
                html += loadAlbum(sub_album, album['album'][sub_album], i,
loadImage);
            }
    }
    return html;
}
```

在loadImage的值为false时，函数loadAlbum不生成<img>标签，而把照片列表通过JSON.stringify方法转换为JSON格式，并作为loadImage函数的参数，保存到按钮的onclick属性中。单击"加载照片"按钮后会使用这个JSON格式的照片列表作为参数调用loadImage函数。loadImage函数的代码如下。

```javascript
function loadImage(currentElement, imageList) {
    let html = '';
    for (let img of imageList) {
        html += '<img width="45%" src="' + img + '">\n';
    }
    currentElement.parentElement.innerHTML = html;
}
```

这个函数的第一个参数是按钮元素，在按钮元素的onclick属性中使用关键字this代表按钮元素本身，通过按钮元素的parentElement属性得到按钮元素的父元素，即外层的div元素，通过其innerHTML属性修改HTML代码，把照片显示出来。刚打开相册时，内容如图6.9所示。

图6.9　刚打开相册时的效果

< 120 >

单击"加载照片"按钮后，按钮消失，相应分类下的所有照片都显示在分类标题下方。

## 课后习题

### 一、选择题

1. HTML中静态资源加载的方式不包括（　　）。
   - A. 同步加载
   - B. 异步加载
   - C. 串行加载
   - D. 以上都是HTML中静态资源加载的方式
2. 以下哪一项不属于使用浏览器缓存带来的好处？（　　）
   - A. 减少网络通信
   - B. 降低网页所在HTTP服务器的负载
   - C. 减少本地磁盘读写
   - D. 提高页面加载速度
3. 以下哪一项可能造成用户打开HTML5应用的时间变长？（　　）
   - A. 网速慢
   - B. 用户使用的设备性能不佳
   - C. HTML5应用中缺乏统计页面加载时间的功能
   - D. 服务器繁忙
4. JavaScript无法实现的功能是（　　）。
   - A. 统计近似页面的加载时间
   - B. 捕获页面中的所有运行异常
   - C. 打开新页面
   - D. 下载文件
5. 以下哪项与AJAX技术无关？（　　）
   - A. JavaScript
   - B. XMLHttpRequest
   - C. CSS
   - D. HTTP

### 二、判断题

1. 使用JavaScript可以动态地向服务器发送请求。　　　　　　　　　　　　　　（　　）
2. 动态加载是指根据特定条件触发资源加载而不是在打开页面时就加载所有资源。（　　）
3. 动态加载通常会带来更好的用户体验，并且有利于减轻HTTP服务器的负载。　（　　）
4. 动态加载有时会使用户体验变差，比如在资源加载不及时的情况下会增加用户等待时间。
   　　　　　　　　　　　　　　　　　　　　　　　　　　　　　　　　　　（　　）
5. 过大的静态资源会导致页面加载速度变慢。　　　　　　　　　　　　　　　　（　　）
6. 动态加载资源可能导致HTML5应用变得更复杂。　　　　　　　　　　　　　（　　）
7. 通常来说，动态加载资源可以减少用户浏览器消耗的资源（如内存、CPU等资源）。（　　）

### 三、上机实验题

1. 对动态加载的HTML5相册进行优化，具体要求如下。
   - 增加单击照片查看大图的功能。
   - 实现根据滚动条的位置加载照片。
   - 计算和输出页面加载时间。
2. 使用开发者工具查看任意一个网站的加载耗时。
3. 找到一个懒惰加载的网站，并通过开发者工具查看动态加载触发的方法。
   - 在网络标签中可以看到动态加载的请求。
   - 在以上的请求中可以看到发起请求的代码位置。

< 121 >

# 第**7**章 JavaScript高级应用

第4章介绍了JavaScript的基本用法，以及在HTML5应用中扮演的角色。本章从Node.js——一个HTML5之外的JavaScript运行环境讲起。Node.js是一个用来运行JavaScript代码的软件，Node.js的出现和发展促使JavaScript从浏览器环境逐渐走向服务器程序、桌面应用甚至物联网等嵌入式设备程序。

本章从JavaScript本身的角度讲解JavaScript的使用，介绍更多高级的用法。

本章主要涉及的知识点有：

- Node.js简介；
- Node.js的安装；
- 使用npm包管理器；
- 创建和发布npm包；
- JavaScript事件；
- JavaScript中的同步和异步。

## 7.1 Node.js简介

Node.js是开源、跨平台的软件，这意味着Node.js的源代码是公开的，且支持多种操作系统和硬件平台。本节将介绍Node.js的安装和基本使用方法。

### 7.1.1 Node.js的安装

Node.js的官方网站提供了多种平台的安装程序和二进制文件，下载完成后即可安装或运行它们。其中也提供了源代码文件，根据官方网站上的说明，可以通过编译源代码得到可运行程序，但过程可能比较烦琐。

通常可以选择直接下载安装包或二进制文件，官方网站提供了长期维护（Long Term Support，LTS）版和最新版。长期维护版是比较稳定的版本，推荐使用这个版本。最新版则可能包含更多新功能。

Node.js安装完成后，可在命令提示符窗口或终端中通过node命令启动Node.js的交互式环境，可以通过键盘输入和运行JavaScript代码。效果如图7.1所示。

要退出交互式环境可输入.exit并按Enter键。使用Node.js交互式环境和使用浏览器开发者工具中的控制台非常相似。不同的是Node.js交互式环境没有DOM，故没有window、document等内置对象，但却有浏览器不具备的内置库和API。

图 7.1　启动 Node.js 的交互式环境

通过node命令还可以执行JavaScript代码文件。把下面的代码保存为"7.1.js"。

```
let str = 'Hello';
for (let i = 0; i < 9; i++) {
    str += '!';
    console.log(str);
}
```

切换到代码文件所在目录，通过下面的命令可以运行"7.1.js"文件中的代码。

```
node 7.1.js
```

代码运行结果如下。

```
Hello!
Hello!!
Hello!!!
Hello!!!!
Hello!!!!!
Hello!!!!!!
Hello!!!!!!!
Hello!!!!!!!!
Hello!!!!!!!!!
```

安装Node.js后，可以直接在命令提示符窗口或终端中执行npm命令。npm是一个JavaScript的包管理工具。在npm官方网站注册并登录账户后，即可发布自己的JavaScript代码包到npm中。使用npm下载和安装代码包不需要注册或登录。

使用npm，可以用简单的命令通过网络安装npm官方网站公开发布的Node.js包，并方便地引用包中的代码。7.2节会详细介绍npm相关内容。

### 7.1.2　Node.js和浏览器中JavaScript运行环境的异同

JavaScript在Node.js和浏览器中的语法是一致的。但两者提供的接口有显著差异，例如，7.1.1小节提到的，Node.js没有浏览器常用的window对象。但两者也有相同的对象，比如两者都有console对象。

Node.js有http等网络通信模块和文件操作相关模块，这是浏览器中的JavaScript运行环境所不具备的。

因为在浏览器中，JavaScript的主要任务之一是控制视图，即控制用户看到的内容，window对象用于控制浏览器窗口中显示的内容。但Node.js主要被设计用于后端程序开发，更多地用于处理业务逻辑，而不需要考虑显示或界面的问题。

很多代码在浏览器和Node.js中都可以运行并能得到一致的结果。

< 123 >

### 7.1.3  Node.js对HTML5应用开发的作用

Node.js对于HTML5开发者来说容易学习，拓宽了JavaScript的应用范围。它让JavaScript程序不仅可以用于控制HTML5页面，还可以用于开发系统工具、服务器端程序，甚至物联网程序。

由于Node.js运行的是HTML5开发中常用的JavaScript代码，同时它具有开发工具程序的功能，目前有大量HTML5应用或者前端应用开发工具使用Node.js运行，并可以方便地通过npm下载和安装。比如第8章将会介绍的Bootstrap、Vue.js等前端框架都拥有整套的由JavaScript编写并通过Node.js运行的工具，其功能常包括创建项目、安装依赖、编译打包项目等。所以采用某些技术开发HTML5应用几乎不能离开Node.js。

## 7.2  使用npm包管理器

npm是一个JavaScript的包管理（Package Manage）器，是Node.js的默认包管理器。npm上的JavaScript代码不一定仅能在Node.js中运行，也有很多可以在浏览器中运行。npm由安装在用户计算机中的npm命令行工具、npm网站和在线nmp数据库组成。

用户可以使用npm命令通过网络查找、下载和安装代码包，也可以在npm网站搜索、浏览和下载代码包。注册npm账号后可以免费发布公开的代码包。

### 7.2.1  使用npm命令行工具

npm命令行工具是Node.js的默认包管理器，其功能是管理Node.js的代码包，它可在命令提示符窗口或终端运行。npm命令行工具通常随Node.js一起安装。Npm命令行工具常用命令有用来安装包的"npm install"，用来删除已安装包的"npm uninstall"，用来搜索可用包的"npm search"，用来查看已安装包的"npm ls"等。

此外，"npm init"用来在本地创建新的npm包。创建npm包不一定是为了发布或分享代码，npm包也常用来组织本地的代码。

"npm login"用来登录npm账户，登录账户后可以在npm网站免费发布公开的包。"npm logout"用来退出已经登录的npm账户。

npx是用来直接运行一个包或者包中某些命令的工具。

npm的命令可以采用简写形式，比如"npm install"可简写为"npm i"或者"npm add"等。

### 7.2.2  安装npm包

使用"npm install"命令可以通过多种途径安装包，如安装本地文件夹中的包、安装本地压缩包中的包，或者通过网址安装网络上的包。

使用"npm install 包名"命令可以自动通过npm数据库寻找、下载和安装指定的包。包名后可通过@符号添加版本号，以安装指定版本的包，如npm install vue@3.2.47。

通过"npm install"命令安装包时，默认的安装路径是当前目录下的node_modules文件夹，所安装的包也只在当前路径下可用。增加-g参数可把包安装在全局环境中；不加任何参数，直接运行"npm install"命令会根据当前路径下的"package.json"安装它所依赖的包。

执行下面的命令可以安装qrcode包。

```
npm install qrcode
```

qrcode包是一个使用JavaScript生成二维码或条码的包。执行这条命令会在当前目录下生成"node_

< 124 >

modics" 文件夹，以及 "package.json" "package-lock.json" 两个文件。qrcode和它所依赖的包被安装在 "node_modules" 文件夹中。"package.json" 中dependencies的内容如下。

```
{
    "dependencies": {
        "qrcode": "^1.5.1"
    }
}
```

以上代码记录了当前代码包（现在已经是一个包了）安装了1.5.1版本的qrcode包。"package-lock.json" 中记录的是 "node_modules" 文件夹中的详细内容，包括qrcode和它的依赖。

可以通过 "npm exec qrcode" 命令运行qrcode包。执行下面的命令让qrcode包把字符串 "Hello HTML5!" 转换为二维码。

```
npm exec qrcode "Hello HTML5!"
```

运行结果如图7.2所示。

qrcode不仅可以作为命令在命令提示符窗口或终端中运行，还可以在HTML5应用中使用。

### 7.2.3　创建和发布npm包

创建npm包的目的不仅是发布代码，创建npm包更大的意义在于管理项目，如记录项目依赖、定义项目信息，如项目名称、版本、作者等，还可以定义包的命令，使包可以像7.2.2小节中的qrcode一样直接运行。

图 7.2　使用 qrcode 包生成二维码

要发布npm包首先需要在本地准备好要发布的包，注册npm账号并通过本地的npm命令行工具登录，然后使用 "npm publish" 命令即可发布。

创建项目文件夹后使用下面的命令可以把当前文件夹初始化为一个Node.js包。

```
npm init
```

输入并执行以上命令后，可以根据提示输入包的基本信息，这些信息可以通过修改 "package.json" 进行更新。在项目目录下使用npm安装的代码包会被写入 "pakcage.json" 中作为代码包的依赖。

## 7.3　JavaScript事件

简要介绍Node.js后，从本节起我们回到JavaScript本身。事件是JavaScript中最重要的概念之一。JavaScript对浏览器中的用户操作、网络请求数据结果的处理都依赖于事件。

### 7.3.1　什么是事件

第4章已经初步介绍和使用了事件。JavaScript中的事件可以定义为能被JavaScript检测到的动作。例如，来自用户的事件有单击界面上的按钮、拖动滚动条、在打开浏览器界面时按键盘上的按键；还有其他事件，如网络请求结果的返回、网络请求出错等。

如期望HTML5应用做出反应，比如用户单击按钮后，希望HTML5做出反应，就可以通过JavaScript的事件机制给相应的事件绑定JavaScript函数。当JavaScript或者浏览器检测到这个事件后，就会调用绑定的函数，函数中的代码将对这个事件做出反应。

< 125 >

## 7.3.2 JavaScript的事件模型

HTML5应用或Node.js程序运行过程中会产生事件，但JavaScript不能同时处理一个以上的事件，如果有大量事件，它们就要排队等待处理。

当JavaScript忙于处理事件时，浏览器的页面会停止响应，用户将无法操作页面，页面也不会出现任何变化。在Node.js中也是一样的，当程序运行时，事件无法被处理。下面的代码由一个<h1>标签和一段JavaScript代码组成。

```
<h1>Hello HTML5 </h1>
<script>
for(let i = 0; i < 10000000000; i++) { // 100 亿次循环
    // 循环内不做任何操作
}
</script>
```

以上JavaScript代码用于进行100亿次的空循环。在浏览器中打开这个页面时（是指以上代码被写入空的HTML文档并保存以后，通过浏览器打开的页面），页面将是一片空白，且无法执行任何操作。等待几秒或十几秒，JavaScript的循环代码运行完成后，页面内容才显示出来。此时如果发生任何事件，都需要等待当前代码运行完成才能处理。这就引出了JavaScript事件模型，它是用来处理事件的方法，JavaScript中的事件触发后被加入事件队列中，由JavaScript解释后顺序执行事件队列中的事件。

可以认为JavaScript中存在一个事件队列。各个来源的事件都进入这个队列中，按一定的顺序排队；JavaScript解释器每次从事件队列中取出一个事件执行，执行完毕再取另一个事件执行。JavaScript事件队列示意如图7.3所示。

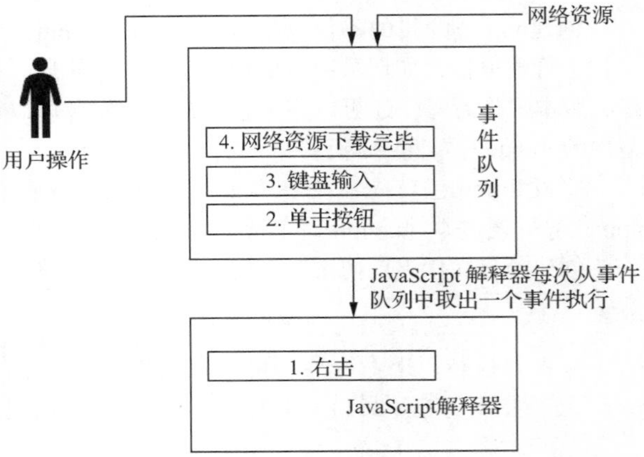

图 7.3　JavaScript 事件队列示意

## 7.3.3 绑定事件

绑定事件有3种方法，分别是使用HTML5标签的事件处理程序属性、JavaScript中元素对象的事件处理器属性和JavaScript中元素的addEventListener方法。

第4章介绍过使用HTML5标签的onclick等属性绑定标签的事件，这种属性被称为HTML5标签的事件处理程序属性。下面的代码用于给按钮绑定单击事件。

```
<button onclick="say_hi()">hi</button>
<script>
function say_hi() {
    alert("hi!");
}
</script>
```

单击"hi"按钮后将运行JavaScript代码"say_hi()"，即调用定义的say_hi函数。事实上，onclick属性值可以为任意的JavaScript语句。

使用HTML标签的事件处理程序属性绑定事件的好处是简单和直观，可以让我们清晰地看到HTML5标签绑定的事件，但这仅限于标签不多的情况。如果有大量的标签需要绑定事件，或者需要绑定事件的标签会动态生成，就可以使用JavaScript代码选择元素对象，用元素对象的事件处理器属性绑定事件，代码如下所示。

< 126 >

```
<button id="hi_btn">hi</button>
<script>
function say_hi() {
    alert("hi!");
}
let btn = document.getElementById('hi_btn');
btn.onclick = say_hi;
</script>
```

以上代码先根据id属性选择元素对象，然后把元素对象的onclick属性设置成要绑定的事件处理函数。这样做的好处是可以使用选择器，按照规则批量绑定事件。

另外，addEventListener方法和removeEventListener方法用于给元素绑定和删除事件处理函数。可以对上面示例的第七行代码做如下修改。

```
btn.addEventListener('click', say_hi);
```

如果需要给一个元素的同一个事件绑定多个处理函数，则只能使用addEventListener方法，前两种方法都只能给元素的每个事件绑定一个事件处理函数。

> **注意**
>
> 上面介绍的后两种方法都使用函数名"say_hi"绑定事件，第一种方法的onclick属性则使用"say_hi()"绑定事件，它是调用函数的语句。

## 7.3.4 获取事件上下文

事件上下文（Context）就是一个事件的"前因后果"和状态。事件上下文包括事件的类型，如"单击""按键盘按键""页面加载完成"等；事件的目标元素，比如单击事件中被单击的元素；事件本身的属性可分为通用的属性（如事件发生的时间）和特殊的属性（如按键被按下事件中被按的按键的编码等）。

在事件处理函数中可以直接访问event变量，它代表当前的事件。event.type属性代表事件的类型，event.target属性代表事件的目标元素。

通过this变量可知道当前事件调用的函数正在哪个元素上执行。因为有事件冒泡机制，所以this变量代表的元素（当前元素）和event.target代表的元素（事件的目标元素）可能不一致，7.3.6小节将详细介绍事件冒泡机制，关于event的使用示例也可参考7.3.6小节。

## 7.3.5 阻止事件默认行为

有些事件本身有默认行为，比如右击通常会弹出一个菜单，这个菜单被称为快捷菜单，这个事件被称为contextmenu事件。如希望右击某元素不弹出快捷菜单，则需要阻止这个默认行为。如果仅绑定事件而不阻止默认行为，那么事件发生时，默认行为和绑定的事件处理函数都会触发。示例代码如下。

```
<button id="hi_btn">hi</button>
<script>
function say_hi() {
    alert("hi!");
}
let btn = document.getElementById('hi_btn');
btn.oncontextmenu = say_hi;
</script>
```

< 127 >

运行代码，右击按钮后，即会调用say_hi函数弹出弹窗，还会弹出浏览器默认的快捷菜单。但如果在say_hi函数中增加下面语句，则可阻止浏览器中快捷菜单的弹出。

```
event.preventDefault();
```

另一个经常需要阻止默认行为的是表单提交事件。这个事件在用户提交表单时触发，如用户单击提交按钮或在表单内按Enter键时。有时会使用这个事件检查表单输入内容，当输入内容不符合规则时要提示用户并阻止表单提交。

## 7.3.6 事件冒泡

下面的HTML代码在一个<div>标签中定义无序列表，其中有3个元素。

```
<meta charset="utf8">
<div>
    下面是列表：
    <ul>
        下面是列表元素：
        <li>1</li>
        <li>2</li>
        <li>3</li>
    </ul>
</div>
```

这段代码的运行效果如图7.4所示。

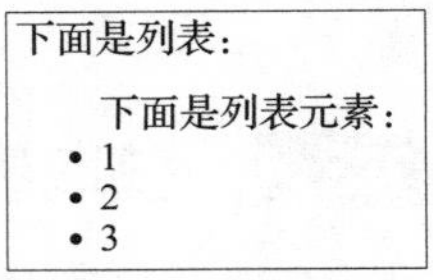

以单击事件为例，"<li>2</li>"标签是ul元素的一部分，也是上一层div元素的一部分，所以当用户单击<li>2</li>标签时，会依次触发<li>2</li>、<ul>和<div>标签的click（单击）事件。这种机制被称为事件冒泡机制，即一个事件不仅在实际发生事件的元素上被触发，还在这个元素的父元素上被触发。

图7.4 示例代码在浏览器中的运行效果

使用下面的代码给div以及div内的所有元素绑定事件。

```
<script>
function on_event() {
    alert("事件类型)" + event.type +"\n"+ "当前元素: " + this.tagName + "\n"+ "目
标元素: "+event.target.tag Name+ "\n"+"元素内的文字: \n" + this.innerText);
}
// 下面函数的功能是给一个元素及它所有的子元素都绑定事件处理函数
// 第一个参数是元素对象，第二个是要绑定的事件类型，第三个是要绑定的事件处理函数
function bindEventForAllChild(element, event_type, func) {
    // 给当前元素绑定事件
    element.addEventListener(event_type, func);
    // 遍历当前元素的每个子元素
    for (let child of element.children) {
        // 递归调用函数，给子元素绑定事件
        bindEventForAllChild(child, event_type, func);
    }
}
// 给 div 元素及它所有子元素的 click 事件绑定 on_event 函数
bindEventForAllChild(document.querySelector('div'), 'click', on_event);
// 给 div 元素及它所有子元素的 contextmenu 事件绑定 on_event 函数
bindEventForAllChild(document.querySelector('div'), 'contextmenu', on_event);
</script>
```

< 128 >

　　bindEventForAllChild是一个递归调用函数。它调用addEventListener给当前元素的指定事件绑定事件处理函数，然后遍历当前元素的所有子元素，对每个子元素递归调用函数addEventListener，最终实现了为一个元素和它所有的子元素绑定事件处理函数。

　　这个示例分别给div元素的click和contextmenu事件绑定了处理函数on_event。on_event处理函数则通过this和event变量获取上下文，通过alert显示当前触发的事件类型、发生事件的目标元素，以及元素内的文字。

　　打开页面，单击页面上的数字3，将依次看到3个弹窗，如图7.5所示。

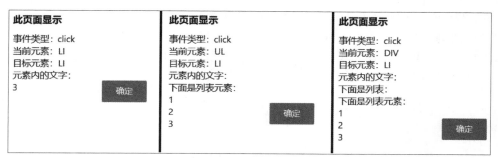

图 7.5　代码运行结果

　　如果要中断事件冒泡机制，则可以使用下面的代码。

```
event.stopPropagation();
```

　　把这行代码添加到on_event函数中后，单击上述任何元素都仅会弹出一个弹窗，因为在每次调用on_event时，stopPropagation方法都会阻止事件通过冒泡的方式向上传播。

　　事件冒泡机制的一个应用是只给父元素绑定事件处理函数，在事件处理函数中通过event.target判断触发事件的具体元素，这个方法被称为事件托管。

# 7.4　JavaScript中的同步和异步

　　程序可以看成一系列预先设计的"动作"或"事件"。运行程序就是执行或触发这些动作或事件的过程，运行程序的方式可以分为同步和异步两种。本节将介绍JavaScript中的同步和异步。

## 7.4.1　同步

　　假设要实现把用户输入字符串中的字母转换成大写显示出来，将非字母的字符原样输出，比如用户输入"abc123!"，输出"ABC123!"；还要实时显示结果，即输入或修改了内容要马上显示对应结果。下面的代码创建了一个输入框和一个用于输出大写结果的<p>标签。

```
<meta charset="utf8">
<label>输入内容</label><input id="input_box" type="text">
<p>转大写后的结果: </p>
<p id= "result"></p>
```

　　用户在输入框输入，结果显示在id为"result"的p元素中。

　　先分解以上任务的事件或动作，这些事件和动作可分为用户输入内容、程序读取输入框的内容、程序把用户输入字符串中的字母转换成大写、程序把转换后的内容显示出来。

< 129 >

如果按照完全同步的方法来实现程序，则组织这些事件或动作的方法可以用图7.6表示。程序要不停地读取输入框的内容，如果输入框的内容没有变化，就继续读取和检查，因为用户随时可能编辑输入框中的内容，所以要保证显示结果的实时性，就必须不停地检查。若发现输入内容变化，则将输入字符串中的字母转换成大写，更新显示内容，然后继续检查用户输入有没有新的变化。

因为不停检查的过程没法结束（页面只要没被关闭，用户就有可能输入内容），所以这个流程图只有开始框，没有结束框。

同步过程简单清楚，虽然能很容易用JavaScript代码实现这个过程，但该代码无法实现预期功能。因为不断检查输入框的内容会导致浏览器一直处于忙碌状态而失去响应，即用户的一切操作都无法生效。示例代码如下（请不要使用这段代码，它会导致浏览器页面失去响应）。

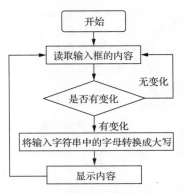

图 7.6　描述同步过程的流程图

```
<script>
// 这段代码会导致浏览器页面失去响应，而无法真正实现功能
let content = "";
let input_box = document.getElementById('input_box');
let result = document.getElementById('result');
while (true) {
    let current_content = input_box.value;
    if (current_content !== content) { // 检测到输入内容变化
        // 将输入字符串中的字母转换成大写
        let output = current_content.toUpperCase();
        // 更新显示内容
        result.innerText = output;
    }
}
</script>
```

## 7.4.2　异步

图7.7展示了7.4.1小节中例子在异步过程下的程序组织方式。在异步过程中，每个步骤都很简单，异步事件调度器（或者可以看作系统）在特定的时间调用了它们。每个步骤结束后，如有后续步骤，就会通知异步事件调度器，然后结束，如无后续步骤就直接结束。

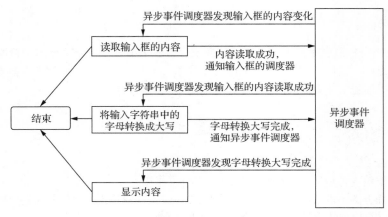

图 7.7　描述异步过程的流程图

< 130 >

以上程序流程很简单，但事实上，异步情况下的循环和判断的部分都由系统"代劳"了。在同步的情况下，系统只需要一步一步地执行程序即可。在异步的情况下，系统要负责查看输入框的内容有没有变化，如有变化，则调用读取输入框内容的程序。当读取成功后，调用字母转换大写的程序，转换完后，调用显示内容的程序。

7.3.2小节介绍的JavaScript事件模型事实上就是一种异步的实现方式。程序可以通过addEventListener方法告诉系统在什么情况下调用哪个函数，从而实现异步。

与用户和网络相关的事件都非常适合通过异步的方式处理。因为用户的操作难以预测，而且用户的反应比程序慢很多，用户输入内容的时间可能是几秒、几分钟甚至几小时，好的处理方式是让系统检测到用户的操作后，直接调用程序，而不是让程序通过循环一遍一遍地检查用户的操作。

异步的缺点是系统承担了很多工作，而且程序中的每个步骤都需要获取上下文后才能知道具体要处理什么内容。严格地说，完全的异步是无法实现的，因为即使是像图7.7所展示的3个步骤也是可以细分的，或者说3个步骤之间是异步的，但这3个步骤内部的逻辑是同步的。可以使用下面的代码模拟图7.7所描述的过程。

```
<meta charset="utf8">
<label>输入内容</label><input id="input_box" type="text">
<p>转大写后的结果: </p>
<p id="result"></p>
<script>
    let input_box = document.getElementById('input_box');
    let result = document.getElementById('result');
    let upperCase = '';
    function inputChangeHandler() {
        setTimeout(toUpperCase, 0);
    }
    function toUpperCase() {
        let current_content = input_box.value;
        upperCase = current_content.toUpperCase();
        setTimeout(updateOutput, 0);
    }
    function updateOutput() {
        result.innerText = upperCase;
    }
    input_box.addEventListener("keyup", inputChangeHandler);
</script>
```

setTimeout的时间参数为0表示希望回调函数立即执行，但回调函数不是被调用setTimeout的函数直接调用，而是被系统调用。

### 7.4.3 同步和异步结合

7.4.2小节中异步的示例为了描述清晰，把所有步骤都分开让系统调度。在实际应用中通常会使用异步和同步结合的方式。其过程示意图如图7.8所示。

下面的代码用于实现事件的绑定。

```
<script>
let input_box = document.getElementById
('input_box');
let result = document.getElementById
('result');
```

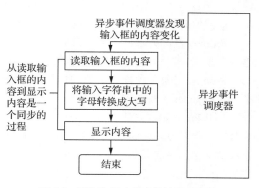

图 7.8 同步和异步结合的过程示意图

< 131 >

```
function outputUpperCase() {
    let current_content = input_box.value;
    // 将输入字符串中的字母转换成大写
    let output = current_content.toUpperCase();
    // 更新显示内容
    result.innerText = output;
}
input_box.addEventListener("keyup", outputUpperCase);
</script>
```

这段程序在输入框的keyup事件上绑定了函数outputUpperCase，该函数用于读取输入框的内容、将输入字符串中的字母转换成大写和显示<p>标签的内容。运行结果如图7.9所示。

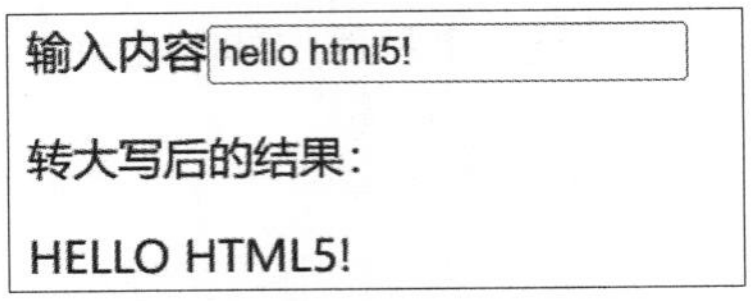

输入内容 hello html5!

转大写后的结果：

HELLO HTML5!

图7.9　运行结果

> **注意**
>
> 这段代码实现的功能和预期的仍有一点差别，你能发现有什么问题吗？如果发现了问题请尝试修复它。

### 7.4.4　回调

回调是指用函数作为参数，等到合适的时机被调用。JavaScript事件的异步处理就是通过回调实现的。

回调是实现异步的方式之一，本书已经介绍过很多回调的应用，比如XMLHttpResponse在异步模式下，定义的onreadystatechange就是一个回调函数。7.4.2小节中setTimeout函数的第一个参数是回调函数，会在设定的时间由系统调用这个函数。

### 7.4.5　Promise对象

Promise对象是另一种异步的实现方式，是现代JavaScript中异步编程的基础。Promise对象用于创建异步函数。根据第4章的内容，调用函数后，等函数中的操作执行完毕，函数才会返回值。但异步函数返回值时，异步函数不一定已经执行完成。

Promise直译为承诺，可以理解为，异步函数的操作没有真正执行完毕，调用异步函数拿到的只是一个承诺，但承诺最终不一定能实现。

Promise对象包含异步函数的执行状态信息，其状态有待定（Pending）、已实现（Fulfilled）和被拒绝（Rejected）3种，分别表示还未执行完毕、执行成功和执行失败。

创建Promise对象需要一个函数作为参数，这个函数是Promise对象要执行的，这个函数接收两个参数，一个是resolve函数，另一个是reject函数。当这个函数成功执行时调用resolve函数，可以传递一个参数回去，并把该Promise对象的状态标记为已实现。reject函数也可以传递参数，并把Promise对象的状态标记为被拒绝。示例代码如下。

< 132 >

```
new Promise((resolve, reject) => {
    // 当执行成功时调用 resolve函数，可以向其中传入参数
    // 当执行失败时调用reject函数，也可向其中传入参数
});
```

　　调用异步函数得到的返回结果是Promise对象。获取Promise对象中操作的返回值（即resolve函数的参数）需要通过Promise对象的then方法，该方法意味着，待Promise指定的操作成功后执行一个函数，then方法接收的参数是一个函数，这个函数接收一个参数，这个参数就是Promise对象的返回值。而catch方法则用于处理reject的情况。

　　如果要等待多个Promise对象都完成或者失败，则可以使用Promise.all([promise1, promise2]).then或.catch。要等待多个Promise对象中的任意一个，则使用Promise.any。

　　JavaScript提供关键字async用于标记一个函数为异步函数。下面的代码定义了一个异步函数。

```
<script>
    async function add(a, b) {
        return a + b;
    }
    console.log("输出 Promise 对象", add(1, 2)); // add函数的返回值是Promise对象，而
不是1+2的值
    add(1, 2).then((result)=>{
        console.log("输出实际结果", result); // 利用回调函数才能输出Promise对象的结果
    });
</script>
```

　　带有async关键字的函数会自动把函数内的操作"包装成"一个Promise对象。如果不使用async关键字，则上面的add函数需要改为如下形式。

```
function add(a, b) {
    return new Promise((resolve, reject) => {
        resolve(a + b);
    });
}
```

　　另外，使用aysnc关键字标记的函数中调用异步函数或者处理Promise对象时，无须使用then方法，而是直接在Promise对象前面使用await关键字，使用await关键字可以要求程序等待Promise对象的操作执行结束后再继续执行。

> ⚠ 注意
>
> 　　这里add函数的示例只是为了说明Promise对象和async的语法，实际上这个函数本质上仍然是同步执行的。

# 7.5　小结

　　本章从Node.js开始，介绍了JavaScript的事件模型、同步和异步等。这些知识在前面虽然已经接触和使用过，但本章从理论上对它们进行介绍，如阐述了它们的概念和工作原理。

　　JavaScript是专门为浏览器环境设计的程序设计语言，它的一大特点是事件驱动和单线程，所有的操作都需要在主线程中完成。Node.js利用了这一特点，并

素养课堂

< 133 >

使JavaScript可以在更多场景中应用这一特点。学习JavaScript高级功能和Node.js可以更深入地了解JavaScript原理。

## 7.6 课堂实战——生成二维码的HTML5应用

本节将开发一个可以把任意文字转换为二维码的HTM5应用。

### 7.6.1 创建npm包和安装webpack

创建一个空文件夹，然后使用npm命令把这个文件夹初始化为一个包。

```
npm init -y
```

这条命令会在当前目录下，使用默认配置创建一个"package.json"文件。可以用文本编辑器打开这个文件，编辑包名、版本、作者等信息。删掉其中的""main": "index.js","一行。

安装webpack（注：webpack是一个用于HTML5应用打包的代码包，这里使用webpack打包我们的项目）及其依赖，命令如下。

```
npm install webpack webpack-cli --save-dev
```

webpack安装完毕，当前目录中出现"package-lock.json"和"node_modules"文件。创建两个文件夹"src"和"dist"，其中src用于存放源代码，dist用于存放发布后的代码。

在src目录下创建"index.js"文件，在dist目录下创建"index.html"文件。其中"index.js"文件的内容如下。

```
let btn = document.querySelector("#buttonGenerate");      // 按钮元素
let textArea = document.querySelector("#inputString");    // 多行文本输入区域
let outputArea = document.querySelector("#outputArea");   // 输出区域
// 给按钮绑定单击事件
btn.addEventListener('click', () => {
    let str = textArea.value;
    outputArea.innerText = str;
})
```

这里绑定的事件处理函数仅仅用于把多行文本输入区域中的文字输出到输出区域，验证webpack能否正常工作。

"index.html"文件的内容如下。

```
<!DOCTYPE html>
<html>
  <head>
    <meta charset="utf8" />
    <title>二维码生成器</title>
  </head>
  <body>
    <label>输入要转换成二维码的文字：</label><br>
    <textarea id="inputString" cols="50" rows="10"></textarea><br>
    <button id="buttonGenerate">生成二维码</button>
    <div id="outputArea"></div>
    <script src="main.js"></script>
  </body>
</html>
```

< 134 >

在项目的根目录创建webpack的配置文件"webpack.config.js"，其内容如下。

```
const path = require('path');

module.exports = {
 entry: './src/index.js',
 mode: 'development',
 output: {
  filename: 'main.js',
  path: path.resolve(__dirname, 'dist'),
 },
};
```

使用webpack构建当前项目。

```
npm run build
```

以上命令执行成功后，可以看到dist目录下出现了"main.js"文件。此时可直接在浏览器中打开"index.html"文件。输入文字后单击"生成二维码"按钮可以看到输入的文本显示在该按钮下方。效果如图7.10所示。

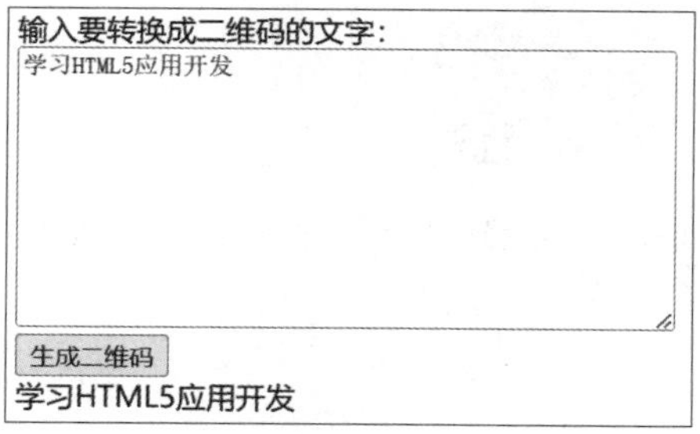

图 7.10　运行效果

## 7.6.2　安装和使用qrcode包

使用下面的命令安装qrcode包。

```
npm install qrcode --save-dev
```

命令执行成功后，qrcode包被安装在node_modules目录中，qrcode也会作为项目依赖写入"package.json"文件中。

在"index.js"文件中使用require引入qrcode依赖。

```
let QRCode = require('qrcode');
```

向输出区域的div元素中添加一个canvas元素用于展示二维码，再添加一个p元素用于展示文字。

```
outputArea.innerHTML = '<canvas id="canvas"></canvas><p id="outputText"></p>';
```

参考qrcode的文档，修改事件处理函数。更新后的"index.js"文件内容如下。

```
let QRCode = require('qrcode');
let btn = document.querySelector("#buttonGenerate");
let textArea = document.querySelector("#inputString");
let outputArea = document.querySelector("#outputArea");
outputArea.innerHTML = '<canvas id="canvas"></canvas><p id="outputText"></p>';
btn.addEventListener('click', () => {
    let str = textArea.value;
```

< 135 >

```
    let outputText = document.querySelector("#outputText");
    var canvas = document.querySelector('#canvas')
    QRCode.toCanvas(canvas, str, function (error) {
        if (error) console.error(error)
    })
    outputText.innerText += "当前二维码对应的文字是: " + str;
})
```

再次执行npm run build命令构建当前项目，打开"index.html"文件，效果如图7.11所示。

图 7.11　最终版的运行效果

### 7.6.3　输出生产版本的前端代码

webpack配置中的mode设置如下所示。

```
mode: 'development',
```

这意味着webpack输出的源代码是开发版本的，生成的"main.js"文件较大，对于当前代码来说，输出的"main.js"文件的大小是98KB。编辑"webpack.config.js"文件，修改mode的值为"production"，再次执行npm run build命令。

将mode的值设为"production"后，webpack构建前端的速度变慢，但生成的"main.js"文件大小变为25KB。

## 课后习题

一、选择题

1. 以下哪个不是Node.js中默认包含的命令？（　　　）

   A．node　　　　　　　　B．npm　　　　　　　　C．npx　　　　　　　　D．pip

2. 以下和JavaScript异步编程无直接关系的一项是（　　　）。

   A．eval　　　　　　　　B．await　　　　　　　　C．Promise　　　　　　D．addEventListener

3. 使用npm时常见的问题有（　　　）。

   A．网速慢　　　　　　　　　　　　　　　B．下载的代码包占用磁盘空间很大

   C．代码包版本无法满足需求　　　　　　　D．以上都是

< 136 >

4. Node.js无法实现的功能是（　　　）。

　　A.　下载网页　　　　　　　B.　输出图片　　　　　　C.　打开本地文件　　　　D.　操作DOM

5. 以下事件中JavaScript无法监听的是（　　　）。

　　A.　页面加载完毕　　　　　B.　当前页面关闭　　　　C.　页面开始加载　　　　D.　手指在屏幕上滑动

二、判断题

1. Node.js中的JavaScript和浏览器中的JavaScript的语法基本兼容，但可以使用的API有较大不同。　　　　　　　　　　　　　　　　　　　　　　　　　　　　　　　　　　　　（　　　）

2. 浏览器中的JavaScript对本地计算机上资源的访问受到严格限制。　　　　　　（　　　）

3. JavaScript原生支持异步编程。　　　　　　　　　　　　　　　　　　　　（　　　）

4. JavaScript的事件处理函数必须依靠上下文才能工作。　　　　　　　　　　（　　　）

5. JavaScript中的事件处理函数是一种回调函数。　　　　　　　　　　　　　（　　　）

6. 通常来说，JavaScript中的一个元素的同一个事件可以绑定多个事件处理函数。（　　　）

7. 异步编程有优点也有缺点，但在处理图形界面上的用户交互时，异步编程可以大大降低程序设计的难度。　　　　　　　　　　　　　　　　　　　　　　　　　　　　　　　　　　（　　　）

三、上机实验题

1. 7.4.3小节中的程序只能保证输入字符实时更新显示结果，当用户删除字符时或者用鼠标操作输入框内的文字时，新的内容无法实时更新显示，请优化这个程序。

2. 尝试在Github、Gitee或其他类似平台发布一个HTML5应用。

3. 使用事件托管改进HTML5计算器中按钮的事件处理。

< 137 >

# 第 **8** 章 使用前端框架

前端框架是用来提高开发效率的工具，通常包含预先定义好的通用代码，开发应用时，可引入框架中的代码作为基础。框架中也常定义一些开发规范，使用框架开发需要遵循特定规范。

本章主要涉及的知识点有：

- 使用Bootstrap；
- 使用ECharts；
- 使用Vue。

## 8.1 使用Bootstrap

Bootstrap是一个简单易用、功能丰富的前端框架，主要提供预定义的样式，元素布局、组件、图标等功能。Bootstrap可以通过给HTML元素添加class属性来方便地赋予元素预先定义好的样式和布局方式。

### 8.1.1 Bootstrap概述

Bootstrap目前常用的版本是v3、v4和v5。本书将以v5.2.3版本为例介绍其使用方法。Bootstrap可通过npm安装，也可直接通过<script>标签及<link>标签引入。为了配置简便，突出要介绍的重点，这里使用后者。

下面是一段未使用Bootstrap框架的代码，它定义了标题、3个按钮、一个无序列表和一个3行3列的表格。

```
<!DOCTYPE html>
<html lang="en">
    <head>
        <meta charset="utf8">
        <meta name="viewport" content="width=device-width, initial-scale=1">
        <title>使用Bootstrap</title>
    </head>
    <body>
        <div>
            <h1>标题</h1>
            <button>按钮1</button><button>按钮2</button><button>按钮3
</button>
```

```
                <input>
                <ul>
                    <li>第一</li>
                    <li>第二</li>
                    <li>第三</li>
                </ul>
                <table>
                    <thead><tr><th>#</th><th>1</th><th>2</th><th>3</th></tr></thead>
                    <tbody>
                        <tr><td>1</td><td>一</td><td>二</td><td>三</td></tr>
                        <tr><td>2</td><td>甲</td><td>乙</td><td>丙</td></tr>
                    </tbody>
                </table>
            </div>
        </body>
</html>
```

在浏览器中打开这段代码看到的效果如图8.1所示，对应代码文件是7.1.1.html。

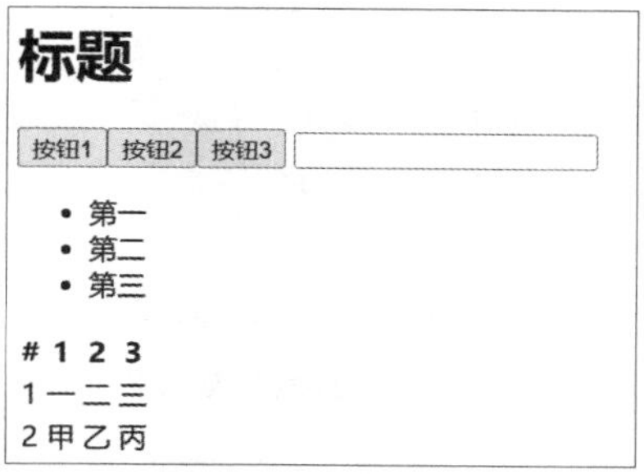

图 8.1　未使用 Bootstrap 框架的页面效果

要使用Bootstrap，需要引入其代码，Bootstrap的代码分为CSS代码和JavaScript代码。下面的代码通过<link>标签引入Bootstrap v5.2.3的CSS代码。这个<link>标签应该放置在HTML5文档的开头部分，通常放在<head>标签中。

```
<link href="https://×××.jsdelivr.net/npm/bootstrap@5.2.3/dist/css/bootstrap.
min.css" rel="stylesheet">
```

下面的代码引入了Bootstrap v5.2.3的JavaScript代码。这个<script>标签应该放到文档的结尾部分，通常放到<body>标签之后。

```
<script src="https://×××.jsdelivr.net/npm/bootstrap@5.2.3/dist/js/bootstrap.
min.js"></script>
```

引入Bootstrap代码后，给需要应用样式的标签添加class属性，即可把预定义的样式应用到指定元素上。

先给最外层的div标签添加class="container"属性，这是Bootstrap布局系统中放置在最外层容纳其他元素的类，这里仅简单使用，8.1.2小节将详细介绍布局系统。示例代码如下所示。

```
<div class="container">
```

对于按钮，可以添加btn类应用基本按钮样式，但此时按钮没有颜色，也没有边框。通常对按钮使用两个或两个以上的类。比如把上面代码中的<button>标签做如下修改。

```
<button class="btn btn-dark">按钮1</button>
<button class="btn btn-primary">按钮2</button>
<button class="btn btn-outline-primary btn-lg">按钮3</button>
```

< 139 >

按钮1被设置为"btn-dark"（深色或者暗色）样式，按钮2被设置为"btn-primary"（主要操作）样式，按钮3被设置为"btn-outline-primary"（带轮廓线的主要操作）样式，尺寸是大号。"btn-sm"和"btn-lg"可以设置按钮的尺寸，前者将尺寸设置为小号，后者将尺寸设置为大号，二者都不使用，则尺寸介于它们之间。

Bootstrap中的按钮样式除了"btn-dark""btn-primary"之外，还有"btn-secondary""btn-success""btn-danger"等，这些按钮样式反映了单击按钮对应操作的意义。通常把主要或常用的操作对应的按钮设置为"btn-primary"样式，相对次要操作对应的按钮设置为"btn-secondary"样式。比如一个注册表单，可以把注册按钮设置为"btn-primary"样式，取消或返回按钮设为"btn-secondary"样式。

上述的按钮组是Bootstrap提供的组件之一。Bootstrap提供了诸多可以复用的组件，利用这些组件，Bootstrap可以快速方便地实现部分功能。

对于无序列表，可通过下面的代码应用Bootstrap的样式。对于<ul>，使用"list-group"样式，对于<ul>下的<li>标签，使用"list-group-item"样式。

```
<ul class="list-group">
    <li class="list-group-item">第一</li>
    <li class="list-group-item">第二</li>
    <li class="list-group-item">第三</li>
</ul>
```

对于表格，可以只给<table>标签添加class，"table"用于设置Bootstrap默认的样式，"table-success"用于增加颜色，"table-striped"用于使表格相邻的两行颜色深浅交错，便于区分。添加class后的代码如下所示。

```
<table class="table table-success table-striped">
```

最终经过修改的HTML5文档在浏览器中打开的效果如图8.2所示。

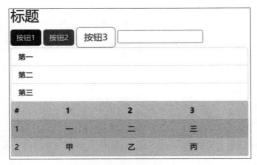

图 8.2　使用 Bootstrap 框架后的页面效果

使用Bootstrap并给标签添加相应class属性后，标题、按钮、无序列表和表格中的字体发生变化，按钮更圆润，按钮增大了间距，列表和表格变得更宽，占据更多空间。除此之外，改变浏览器窗口大小时，这些元素会自动调整大小和位置。修改后的代码文件是"7.1.1-2.html"。

## 8.1.2　布局

Bootstrap一般使用带有container类的元素容纳页面内容，如8.1.1小节示例中的<div class="container"></div>。container类可以决定其内容的宽度，"container-fluid"表示总会占满屏幕宽度，"container-sm"表示仅在小尺寸的屏幕（默认是小于576px）时会占满屏幕宽度，当屏幕变宽时将把内容居中显示，两侧会根据设置留出空白。

此外还有"container-md""container-lg""container-xl""container-xxl"，它们依次可以使内容充满更

< 140 >

大尺寸的屏幕。"container"的作用与"container-sm"的相同。它们具体的设置可以参考Bootstrap在线文档。

container可以用于构建响应式前端。响应式前端是指使用一个页面、一份代码适应不同尺寸屏幕的设备。在手机这样的移动设备中，屏幕高度一般大于宽度，所以在手机这样的设备中，页面最好能占据100%的屏幕宽度，便于充分利用屏幕空间。

而在宽屏的计算机等设备中，屏幕宽度一般大于高度。所以页面可能会在左右两侧留出空白，实际的内容则居中显示。

上述各种尺寸的container就是用于决定填充和对齐屏幕中的内容。

在container之内，Bootstrap使用栅格系统实现元素定位和布局。row类可生成一行，一行之内可以使用"col"类定义多列。例如，下面的代码。

```html
<div class="row">
    <div class="col">这是一个很长的内容</div>
    <div class="col">少量内容</div>
    <div class="col"></div>
</div>
```

如图8.3所示，在开发者工具中选中这个div元素后，可以看到使用"col"类的3列被设置成了相同的宽度。

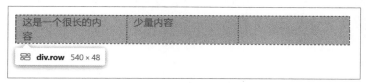

图 8.3　3 个 col 的宽度相同

col类还支持设置宽度比例。例如，下面的代码中row下的两个div，一个被设置为col-2，另一个被设置为col-8。

```html
<div class="row">
    <div class="col-2">col-2</div>
    <div class="col-8">col-8</div>
</div>
```

它们将分别占据父节点div20%和80%的宽度。

### 8.1.3　导航栏

导航栏是网站常用的组件，通常出现在页面最顶端，用于显示网站的主要功能或栏目，有时还提供搜索功能。下面的代码使用Bootstrap实现的基本导航，使用HTML新增的<nav>标签，并设置Bootstrap定义的navbar、navbar-dark、bg-primary和navbar-expand类属性。其中navbar-expand类表示导航栏中的元素不被折叠。

```html
<!DOCTYPE html>
<html lang="en">
    <head>
        <meta charset="utf8">
        <title>使用导航栏</title>
        <link href="https://×××.jsdelivr.net/npm/bootstrap@5.2.3/dist/css/
bootstrap.min.css"
            rel="stylesheet">
```

< 141 >

```
    </head>
    <body>
        <nav class="navbar navbar-dark bg-primary navbar-expand">
            <div class="container-fluid">
                <a class="navbar-brand" href="#">我的网站</a>
                <div class="collapse navbar-collapse" id="navbarSupportedContent">
                <ul class="navbar-nav me-auto mb-2 mb-lg-0">
                    <li class="nav-item">
                        <a class="nav-link active" aria-current="page" href="#">
                            主页
                        </a>
                    </li>
                    <li class="nav-item">
                        <a class="nav-link" href="#">链接</a>
                    </li>
                </ul>
                <form class="d-flex" role="search">
                    <input class="form-control mb" type="search" placeholder=
"输入关键词"
                        aria-label="Search">
                    <button class="btn btn-success text-nowrap" type="submit">
搜索</button>
                </form>
                </div>
            </div>
        </nav>
        <h1>标题</h1>
        <p>文章内容</p>
    </body>
    <script src="https://×××.jsdelivr.net/npm/bootstrap@5.2.3/dist/js/
bootstrap.min.js"></script>
</html>
```

&lt;ul class="navbar-nav me-auto mb-2 mb-lg-0"&gt;标签中的每个&lt;li&gt;都是导航栏上的一个链接。&lt;form class="d-flex" role="search"&gt;则生成了一个靠左侧的表单作为导航栏上的搜索框。上面的代码在浏览器中运行的结果如图8.4所示。

图 8.4　用 Bootstrap 实现的一个基本导航栏

为了在导航栏上展现更多链接并把链接分类，可以使用下拉菜单，可在上述代码的&lt;ul&gt;标签最后增加一个&lt;li&gt;标签，使用class="nav-item dropdown"属性。

```
<li class="nav-item dropdown">
    <a class="nav-link dropdown-toggle" href="#" data-bs-toggle="dropdown">
        菜单
    </a>
    <ul class="dropdown-menu">
```

< 142 >

```
            <li><a class="dropdown-item" href="#">项目1</a></li>
            <li><a class="dropdown-item" href="#">项目2</a></li>
            <li><a class="dropdown-item" href="#">项目3</a></li>
            <li><hr class="dropdown-divider"></li>
            <li><a class="dropdown-item" href="#">项目4</a></li>
        </ul>
</li>
```

这个<li>标签中的<a class="nav-link dropdown-toggle" href="#"data-bs-toggle="dropdown">用于设置下拉菜单的名称，单击这个标签会展开下拉菜单，展开后显示列表<ul class="dropdown-menu">中的内容。

使用下拉菜单的弹出功能需要引入额外的JavaScript文件，如下面的代码所示。

```
<script src="https://×××.jsdelivr.net/npm/@popperjs/core@2.11.6/dist/umd/
popper.min.js"></script>
```

带下拉菜单的导航栏如图8.5所示。

## 8.1.4 其他常用组件

Bootstrap提供了进度条组件，修改属性可动态控制进度条的比例。下面的代码创建了4个不同样式的进度条，比例分别是25%、50%、75%和100%

图 8.5 带下拉菜单的导航栏

```
<br>
<div class="progress" aria-valuenow="25" aria-valuemin="0" aria-valuemax="100">
    <div class="progress-bar" style="width: 25%">25%</div>
</div>
<br>
<div class="progress" aria-valuenow="50" aria-valuemin="0" aria-valuemax="100">
    <div class="progress-bar progress-bar-striped bg-info" style="width:
50%">50%</div>
</div>
<br>
<div class="progress" aria-valuenow="75" aria-valuemin="0" aria-valuemax="100"
style="height: 1px">
    <div class="progress-bar" style="width: 75%"></div>
</div>
<br>
<div class="progress" aria-valuenow="100" aria-valuemin="0" aria-valuemax=
"100" style="height: 20px">
    <div class="progress-bar" style="width: 100%"></div>
</div>
```

前两个进度条上有数字显示，第二个进度条上有斜条纹，第三个进度条的高度是1px，第四个进度条的高度为20px。显示效果如图8.6所示。

图 8.6 不同样式的进度条

< 143 >

下面的代码用于创建Bootstrap的页码导航组件。

```
<ul class="pagination">
    <li class="page-item"><a class="page-link" href="#">上一页</a></li>
    <li class="page-item"><a class="page-link" href="#">1</a></li>
    <li class="page-item"><a class="page-link" href="#">2</a></li>
    <li class="page-item"><a class="page-link" href="#">3</a></li>
    <li class="page-item"><a class="page-link" href="#">4</a></li>
    <li class="page-item"><a class="page-link" href="#">下一页</a></li>
</ul>
```

显示效果如图8.7所示。

图 8.7　Bootstrap 的页码导航组件

# 8.2　使用ECharts

ECharts是基于JavaScript的可视化图表库，内置丰富的图表种类，包括折线图、柱形图、饼图、散点图、地图、关系图等。其官方网站有丰富的示例可供参考。

## 8.2.1　ECharts概述

为了配置简便，对于ECharts，我们也直接通过<script>标签引入而不使用npm安装。下面的代码使用jsdelivr官方网站提供的CDN（Content Delivery Network，内容分发网络）服务器引入5.4.2版本的ECharts。如果需要寻找其他版本，则可以浏览ECharts官方网站。

```
<!DOCTYPE html>
<html>
  <head>
    <meta charset="utf8" />
    <script src="https://×××.jsdelivr.net/npm/echarts@5.4.2/dist/echarts.min.
js"></script>
  </head>
  <body>
    <div id="main" style="width: 800px;height:400px;"></div>
  </body>
</html>
```

下面的代码创建了一个柱形图。

```
<script type="text/javascript">
    // 在前面HTML代码中定义的div元素上初始化echarts实例
    var myChart = echarts.init(document.getElementById('main'));
    // 配置图表
    var option = {
      title: {
          // 图表标题
          text: '鲁迅先生说过的话App每月访问统计'
      },
```

< 144 >

```
                tooltip: {},
                legend: {
                    data: ['访客IP地址数量', '访问量'] // 图例
                },
                xAxis: {  // x轴数据
                    data: ["2021-05", "2021-06", "2021-07", "2021-08", "2021-09",
  "2021-10", "2021-11", "2021-12", "2022-01", "2022-02", "2022-03", "2022-04",
  "2022-05", "2022-06", "2022-07", "2022-11", "2022-12", "2023-01", "2023-02",
  "2023-03"]
                },
                yAxis: {},
                series: [
                    { // y 轴数据 1，每月访客IP地址数量
                        name: '访客IP地址数量',
                        type: 'bar',
                        data: [238, 492, 361, 299, 257, 374, 209, 185, 165, 103, 98,
  102, 75, 100, 63, 3, 85, 72, 78, 75]
                    },
                    { // y 轴数据 2，每月访问量
                        name: '访问量',
                        type: 'bar',
                        data: [1962, 3299, 2366, 2146, 1798, 3115, 1810, 2405, 1330,
  486, 407, 490, 368, 576, 369, 13, 968, 355, 686, 578]
                    }
                ]
            };
            // 显示图表
            myChart.setOption(option);
        </script>
```

　　图8.8展示了上述代码绘制的柱形图（注：原始数据有缺失，本章选用现存数据绘制样图）。柱形图的横坐标是月份，纵坐标是数量，两种颜色的柱形分别表示访客IP（Internet Protocol，互联网协议）地址数量和访问量。因为同一个IP每月可能多次访问App，所以访问量通常大于访客IP地址数量。

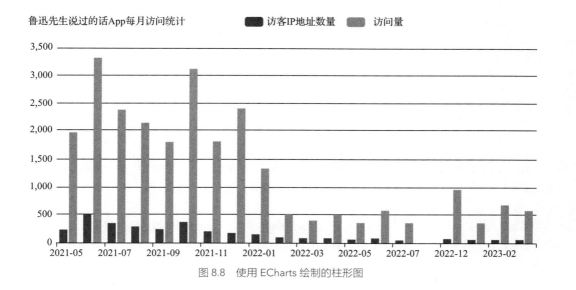

图 8.8　使用 ECharts 绘制的柱形图

< 145 >

## 8.2.2　常用二维图表

常用的二维图表是柱形图和折线图。8.2.1小节已经给出了柱形图的示例。在8.2.1小节中代码的基础上，把series中的type从"bar"改为"line"，即可把柱形图更改为折线图。图8.9展示了在8.2.1小节示例的基础上，把访问量数据用折线图展示的效果。

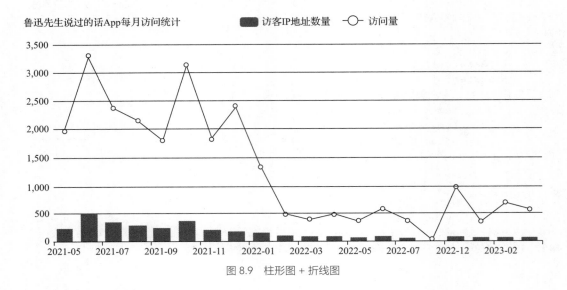

图 8.9　柱形图 + 折线图

图8.9把两组数据放到一张图表中展示，但两组数据的范围差距略大，折线图的最大值超过3000，而柱形图的最大值接近500。在这种情况下可以使用多坐标轴对数据进行展示。修改原代码中的"yAxis: {}"，添加两个坐标轴。

```
yAxis: [
    {
        type: 'value',
        scale: true,
        name: '访客IP地址数量',
        yAxisIndex:0
    },
    {
        type: 'value',
        scale: true,
        name: '访问量',
        yAxisIndex:1
    }
]
```

给series中的两组数据分别添加yAxisIndex属性。将访客IP地址数量设置为"yAxisIndex: 0"，将访问量设置为"yAxisIndex: 1"。经过修改，柱形图也能较好地展示了，修改后的效果如图8.10所示。

ECharts还可以绘制散点图，只需要将series中的type改为"scatter"，data调整成二维坐标样式，即可更改为散点图代码段。下面的代码绘制了描述每月访客IP地址数量和每月访客总访问量的关系的散点图。

< 146 >

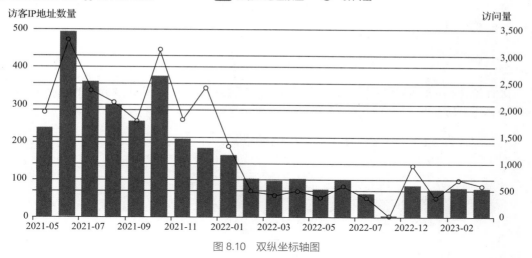

图 8.10　双纵坐标轴图

```html
<!DOCTYPE html>
<html>
  <head>
    <meta charset="utf8" />
    <script src="https://×××.jsdelivr.net/npm/echarts@5.4.2/dist/echarts.min.
js"></script>
  </head>
  <body>
  <div id="main" style="width: 400px;height:400px;"></div>
  </body>
  <script type="text/javascript">
      // 在前面HTML代码中定义的div元素上初始化echarts实例
      var myChart = echarts.init(document.getElementById('main'));
      // 配置图表
      var option = {
        title: {
            // 图表标题
            text: '每月访客IP地址数量和每月访客总访问量关系'
        },
        xAxis: {  // x轴名称
            name: '每月访客IP地址数量'
        },
        yAxis: {  // y轴名称
            name: '每月访客总访问量'
        },
        series: [
          {
            symbolSize: 15,
            data: [[85, 968], [72, 355], [78, 686], [75, 578], [3, 13], [103,
486], [98, 407], [361, 2366], [299, 2146], [185, 2405], [257, 1798], [492,
3299], [100, 576], [374, 3115], [209, 1810], [165, 1330], [238, 1962], [102,
490], [75, 368], [63, 369]],
            type: 'scatter'
          }
```

< 147 >

```
        ]
    };
    // 显示图表
    myChart.setOption(option);
    </script>
</html>
```

图8.11展示了每月访客IP地址数量和每月访客总访问量的散点图。以上代码中的symbolSize用来控制散点图中点的大小。

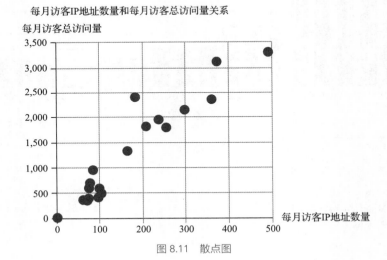

图 8.11　散点图

## 8.2.3　饼图

ECharts提供了多种形式的饼图。下面的代码创建了一个饼图。

```
// 在前面HTML代码中定义的div元素上初始化echarts实例
let myChart = echarts.init(document.getElementById('main'));
// 配置图表
let option = {
    title: {
        text: '鲁迅先生说过的话App海外访客IP地址数量',
        subtext: '国家占比',
        left: 'center'
    },
    tooltip: {
      trigger: 'item'
    },
    legend: {
      orient: 'vertical', left: 'left'
    },
    series: [
      {
        name: '访问来自',
        type: 'pie',
        radius: '50%',
        data: [
```

< 148 >

```
              { value: 8, name: '日本' }, { value: 1, name: '俄罗斯' }, { value:
21, name: '印度' },
              { value: 2, name: '阿根廷' }, { value: 19, name: '美国' }, { value:
1, name: '捷克' },
              { value: 2, name: '英国' }, { value: 1, name: '缅甸' }, { value: 10,
name: '马来西亚' },
              { value: 1, name: '印度尼西亚' }, { value: 6, name: '法国' },
              { value: 1, name: '意大利' }, { value: 23, name: '新加坡' },
          ],
          emphasis: {
            itemStyle: {
                shadowBlur: 10, shadowOffsetX: 0, shadowColor: 'rgba(0, 0, 0, 0.5)'
            }
          }
        }
      ]
    };
// 显示图表
myChart.setOption(option);
```

　　图8.12展示了上述代码绘制的饼图，将鼠标指针移动到饼图上，显示出对应部分具体的数据。option中的legend用于设定图例的位置。radius参数用于设定饼图的大小，支持相对大小和绝对大小。

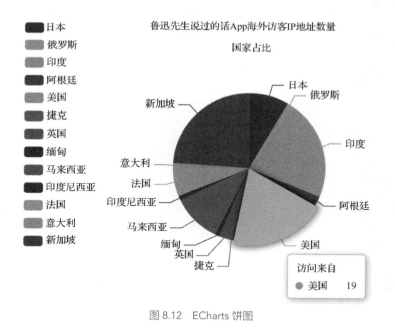

图 8.12　ECharts 饼图

　　图8.13展示了使用ECharts绘制的南丁格尔玫瑰图和环形图。

　　图8.13中的南丁格尔玫瑰图使用了如下参数。

```
roseType: 'area',
radius: [30, 120],
center: ['50%', '50%'],
```

< 149 >

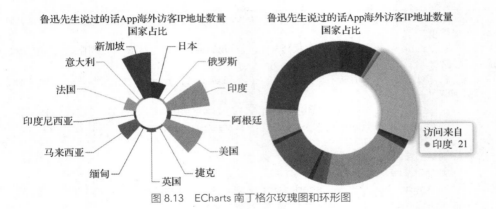

图 8.13　ECharts 南丁格尔玫瑰图和环形图

环形图则使用了下面的参数。

```
radius: ['40%', '70%'],
avoidLabelOverlap: false,
```

## 8.2.4　关系图

ECharts可绘制多种布局的关系图，其中力引导布局的关系图支持自动计算点和边的位置，只需要提供点的信息和点间连线的信息，ECharts即可自动绘制关系图。下面的代码绘制了鲁迅先生说过的话App中某段时间内，部分文章的点击量。

```
<head>
    <meta charset='utf8' />
</head>
<div id='main'></div> <!-- 用于显示关系图的区域 -->
<script src="https://×××.jsdelivr.net/npm/echarts@5.4.2/dist/echarts.min.
js"></script>
<script>
// 把 main 区域大小设置为接近窗口的大小
let width = window.innerWidth;
let height = window.innerHeight;
main.style.height = height * 0.95 + "px";
main.style.width = width* 0.95 + "px";
// 初始化ECharts关系图
let chartDom = document.getElementById('main');
let myChart = echarts.init(chartDom);
let option;
// 显示加载中提示界面
myChart.showLoading();
option = {
    tooltip: {},
    legend: [
      {
        data: ['文集', '文章']
    }],
    series: [
      {
        name: '点击量',
        type: 'graph',
```

< 150 >

```
        layout: 'force',
        // 数据较多，这里仅列出部分，全部数据请参考随书源代码
        data: [{"id": 0, "name": "鲁迅全集", "symbolSize": 1, "value": 2135, "category":
0}, {"id": 1, "name": "朝花夕拾", "symbolSize": 19.5, "value": 590, "category": 0},
{"id": 2, "name": "无常", "symbolSize": 3.7, "value": 37, "category": 1}],
        links: [{"source": 0, "target": 1}, {"source": 1, "target": 2}],
        categories: [
          {
            "name": "文集"
          },
          {
            "name": "文章"
          }
        ],
        roam: true,
        force: {
          repulsion: 80
        },
        label: {
          show: true,
          position: 'right',
          formatter: '{b}'
        },
        labelLayout: {
          hideOverlap: true
        },
        scaleLimit: {
          min: 0.4,
          max: 2
        },
        lineStyle: {
          color: 'source',
          curveness: 0.3
        }
      }
    ]
  };
// 根据 option 中的配置显示关系图
myChart.setOption(option);
// 隐藏正在加载的提示
myChart.hideLoading();
</script>
```

图8.14展示了代码中定义的力引导布局关系图的显示效果。当鼠标指针指向某个节点时，会显示出相应的详细信息。

绘制力引导布局的关系图时需要给出每个节点的大小，用于在图中展示，可以根据节点数据按照一定方法计算节点大小，以避免节点大小差距过大影响显示效果。

如果不使用自动布局算法，则除了节点大小外，还要提供每个节点的位置信息，可能需要进行额外计算。需要注意的是，自动布局算法用于根据某些条件自动计算关系图中元素的位置，本节示例使用了"力引导布局算法"。

< 151 >

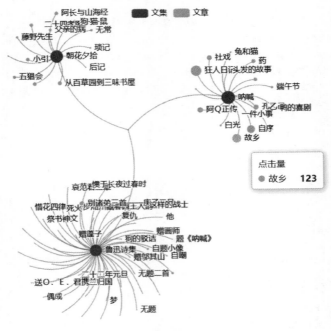

图 8.14　ECharts 力引导布局关系图

## 8.2.5　地图数据展示

　　对于地图数据的展示，ECharts提供了基于百度地图API的数据展示功能。如需使用这个功能，则需要到百度地图API网站注册，并申请密钥。对于个人开发者和非商业用途，可以免费获得密钥。下面的代码是展示地图数据所使用的HTML代码。

```
<!DOCTYPE html>
<html>
  <head>
<meta charset="utf8" />
    <script src="https://×××.jsdelivr.net/npm/echarts@5.4.2/dist/echarts.min.
js"></script>
    <script type="text/javascript" src="https://×××.map.baidu.com/api?v=
3.0&ak=你的密钥"></script>
  <script type="text/javascript" src="https://fastly.jsdelivr.net/npm/
×××@5.4.2/
dist/extension/bmap.min.js"></script>
  </head>
  <body>
  <div id="main" style="width: 1300px;height:900px;"></div>
  </body>
</html>
```

　　上述代码中的"你的密钥"需要替换成在百度地图API网站申请到的密钥。所以这个代码直接打开并不能正常使用。

　　下面是JavaScript和数据代码。

```
<script type="text/javascript">
        // 在前面HTML代码中定义的div元素上初始化echarts实例
```

< 152 >

```
    var myChart = echarts.init(document.getElementById('main'));
    // IP地址数量数据太多，这里有删减，全部数据请见随书源代码
    let data = [{"name": "四川省", "value": 253} , {"name": "北京", "value":
221}, {"name": "广东省", "value": 388}];
    // 用到的省市在地图上的坐标（这些数据不一定准确，这里仅作为示例，请勿在其他场景下使用）
    const geoCoordMap = {"四川省": [104.06, 30.67], "北京": [116.46, 39.92],
"广东省": [113.23, 23.16]}
    // 把data中的数据转换成用于展示的数据
    const convertData = function (data) {
        var res = [];
        for (var i = 0; i < data.length; i++) {
          var geoCoord = geoCoordMap[data[i].name];
          if (geoCoord) {
              res.push({ name: data[i].name, value: geoCoord.concat(data[i].
value) });
          }
        }
        return res;
    };
    var option = {
        title: {
            text: '鲁迅先生说过的话App国内用户IP地址分布——百度地图',
            subtext: '数据来自鲁迅先生说过的话App', sublink: 'http://luxunquotation.
code×××.top/',
            left: 'center'
        },
        tooltip: { trigger: 'item' },
        bmap: { center: [104.114129, 37.550339], zoom: 5, roam: true,
          mapStyle: {
                styleJson: [// 地图风格配置，后面代码有删减，完整版请查阅随书源代码
              { featureType: 'water', elementType: 'all', stylers: { color:
'#d1d1d1' } },
              { featureType: 'land', elementType: 'all', stylers: { color:
 '#f3f3f3' }}
            ]
          }
        },
        series: [
          {
            name: '访客数量',
            type: 'scatter', coordinateSystem: 'bmap', data: convertData(data),
            symbolSize: function (val) { return val[2] / 10;}, encode: {
value: 2 },
            label: { formatter: '{b}', position: 'right', show: false },
emphasis: { label: {show: true} }
          },
            { name: 'Top 5', type: 'effectScatter', coordinateSystem: 'bmap',
              data: convertData( data.sort(function (a, b) { return b.value
- a.value;}).slice(0, 6)),
            symbolSize: function (val) { return val[2] / 10; }, encode:
{value: 2},
            showEffectOn: 'render', rippleEffect: { brushType: 'stroke' },
            label: { formatter: '{b}', position: 'right', show: true },
```

< 153 >

```
                    itemStyle: { shadowBlur: 10, shadowColor: '#333' },
                    emphasis: { scale: true }, zlevel: 1
                }
            ]
        };
        // 显示图表
        myChart.setOption(option);
    </script>
```

可使用ECharts和百度地图API生成基于地图数据可视化图。除了原始数据外，还可以根据原始数据构造一组排名前五的数据，使用单独符号进行展示。需要注意的是，原始数据是在代码中提供的数据，即访客数量的数据，ECharts库自动找出了其中排名前五的省市，并创建了新的数据。

# *8.3* 使用Vue

Vue的发音和单词view的相似，是一个用于构建用户界面的JavaScript框架。Vue使用标准的HTML、CSS和JavaScript语法。

## 8.3.1　Vue概述

安装Node.js后，可执行下面的命令创建一个空的Vue项目。

```
npm init vue
```

该命令会使用npm下载并执行create-vue，它是Vue官方提供的一个用于初始化新vue项目的工具。create-vue会要求输入项目名称，并询问一系列项目配置的问题，可以直接按Enter键选择默认选项。使用create-vue创建的vue项目采用Vite打包。

项目文件的根目录下包含README.md、packages.json、vite.config.js、index.html和.gitignore五个文件。

项目创建完成后，"package.json"中的依赖有Vue和Vite。但依赖还没有下载，进入项目目录中执行npm install下载和安装项目依赖。依赖安装完成后，可以直接执行npm run dev启动开发服务器，并可通过浏览器预览当前开发的界面。

"README.md"文件是项目的说明文件，使用Markdown语法。.gitignore文件是Git版本管理工具关于可忽略的文件的配置。vite.config.js是vite配置文件。"index.html"中的内容如下。

```
<!DOCTYPE html>
<html lang="en">
  <head>
    <meta charset="utf8">
    <link rel="icon" href="/favicon.ico">
    <meta name="viewport" content="width=device-width, initial-scale=1.0">
    <title>Vite App</title>
  </head>
  <body>
    <div id="app"></div>
    <script type="module" src="/src/main.js"></script>
  </body>
</html>
```

src目录下的"main.js"是源代码的入口文件，"App.vue"则是Vue的App源代码，它代表一个Vue

< 154 >

组件。如果使用VS Code，则可以安装Vue的插件便于编辑.vue文件。其中"main.js"的内容如下。

```
import { createApp } from 'vue'
import App from './App.vue'
import './assets/main.css'
createApp(App).mount('#app')
```

上述代码引入"App.vue"和"main.css"文件，并在"index.html"中的id为app的div元素上挂载这个Vue的App。在Vue中使用createApp创建App实例，并使用mount方法将其和DOM元素关联。

"App.vue"中除了<style>标签外的内容如下。

```
<script setup>
import HelloWorld from './components/HelloWorld.vue'
import TheWelcome from './components/TheWelcome.vue'
</script>

<template>
  <header>
    <img alt="Vue logo" class="logo" src="./assets/logo.svg" width="125"
height="125" />

    <div class="wrapper">
     <HelloWorld msg="You did it!" />
    </div>
  </header>

  <main>
    <TheWelcome />
  </main>
</template>
```

在App vue文件中出现了Vue自定义的标签，如<template>，它并不是HTML5标签，在Vue中有特定含义，8.3.3小节将进一步介绍。

## 8.3.2　Vite简介

Vite是一种新型的前端构建工具，旨在提供开箱即用的配置，具有高可扩展性，可以显著提高前端开发效率。

Vite项目根目录下的"vite.config.js"文件是Vite的配置文件，其中的内容如下。

```
import { fileURLToPath, URL } from 'node:url'

import { defineConfig } from 'vite'
import vue from '@vitejs/plugin-vue'

export default defineConfig({
 plugins: [vue()],
 resolve: {
   alias: {
    '@': fileURLToPath(new URL('./src', import.meta.url))
   }
 }
})
```

< 155 >

Vite项目的"index.html"文件在项目根目录，而不像webpack的"index.html"文件在dist目录。Vite在构建时将以"index.html"文件为入口。在执行npm run dev时会启动Vite开发服务器，同样以项目根目录的"index.htm"为入口。

执行npm run build可通过Vite构建项目，构建的代码在dist目录中，默认就是生产版本。

使用默认配置时，Vite构建的代码默认只支持较新版本的浏览器。但可通过配置修改最低支持的浏览器版本。通常不需要修改这一配置，详细用法可参考Vite文档。

### 8.3.3 组件

Vue中的组件有两种定义方式。在8.3.1小节中通过create-vue创建的项目中的是单文件组件。组件中大致包含视图和代码两部分。8.3.1小节所述的"App.vue"中的\<template\>标签中的内容就是对视图的定义，它们将被渲染到"index.html"中的对应\<div\>标签（因为"main.js"中绑定了这个\<div\>标签）。

create-vue创建的项目包含多个自定义组件，比较烦琐，为了简便，先删除src/components目录、"src/ assets/ base.css"文件和"src/ assets/ logo.svg"文件，清空"src/App.vue"和"src/ assets/ main.css"中的内容。

在"App.vue"中写入下面内容。

```
<script>
export default {
  data() {
    return {
      count: 0 // 这个count将被渲染到下面的{{ count }} 的位置
    }
  }
}
</script>

<template>
  <h1>Hello Vue</h1>
  <p v-on:click="count++">单击次数: {{ count }}</p>
</template>
```

通过npm run dev启动开发服务器（如果开发服务器已经在运行则不需要），通过输出的地址访问页面，将看到图8.15所示的页面。

从图8.15可以看到\<templete\>标签中的标签作为HTML内容被渲染到了页面上。\<script\>标签中的data中的count变量被渲染到了\<p\>标签中。v-on:click是Vue定义的标签属性，用于给\<p\>标签的单击事件绑定处理函数，在这里是只有一个语句（count++）的匿名处理函数，这里访问到的count同样是在\<script\>中定义的。故单击\<p\>标签后可观察到显示的单击次数增加。

**Hello Vue**
单击次数: 0

图 8.15 通过 Vue 构建的简单页面

### 8.3.4 输出内容

8.3.3小节使用的"{{ count }}"被称为文本插值，用于把一个JavaScript表达式的值作为文本内容插入HTML视图中。如果JavaScript表达式对应的值发生改变，则DOM上展示的内容会自动更新，Vue会负责处理这一更新的过程。这类似于之前介绍过的修改元素的innerText属性来更新DOM内容。

由于Vue承担更新DOM的工作，因此JavaScript程序只需要关心维护JavaScript表达式的值。

如果要把JavaScript表达式作为HTML内容插入，则可以使用标签的v-html属性。下面的语句把

< 156 >

JavaScript表达式作为HTML内容插入<p>元素内，如同修改p元素的innerHTML属性。

```
<p v-html="`单击次数: <span> ${count}</span>`"></p>
```

## 8.3.5 属性绑定和事件绑定

要动态设定HTML元素的属性可使用属性绑定。下面的代码把div的id设置成变量div_id的值。

```
<div v-bind:id="div_id"></div>
```

v-bind:id属性可简写为":id"。

8.3.3小节使用到的v-on:click用于绑定元素的事件，v-on:可以用"@"代替，如用"@click"可绑定单击事件。

绑定的事件处理函数除了使用匿名函数外，还可以引用methods中定义的方法，如下面的代码所示。

```
<script>
export default {
 data() {
  return {
    count: 0,
    todo: [{id: 1, name: "购物"}, {id: 2, name: "运动"}]
  }
 },
 methods: {
  hello(event) {
   console.log(event);
   console.log(this);
   console.log(this.todo);
   alert("hello");
   }
  }
}
</script>
<template>
  <h1>Hello Vue</h1>
  <p @click="count++">单击次数: {{ count }}</p>
  <button @click="hello">Hello</button>
  <ul>
   <li v-for="item in todo">{{ item.id }} - {{ item.name }}</li>
  </ul>
</template>
```

单击按钮后会调用hello方法。hello方法中的event参数是默认传入的事件对象，与第7章中介绍的一致，但这里事件处理方法中的this变量不再代表正在发生事件的元素，而表示当前的Vue组件对象。

## 8.3.6 条件渲染和列表渲染

v-if用于根据条件进行渲染，如果一个元素带有v-if属性，那么只有在v-if属性中的JavaScript表达式的值为true时，这个元素才会渲染。还有对应的v-else和v-else-if。需要注意的是，v-else-if表示v-if的"else if块"。与v-if类似的还有v-show，两者的区别是v-if的JavaScript表达式的值为false时，对应元素就不会被渲染，但在这种情况下，v-show会渲染元素却不显示元素，即元素被隐藏。

< 157 >

v-for执行用于渲染JavaScript的列表。假如有下面的变量。

```
todo: [{id: 1, name: "购物"}, {id: 2, name: "运动"}]
```

可通过如下方式渲染一个列表。

```
<ul>
  <li v-for="item in todo">{{ item.id }} - {{ item.name }}</li>
</ul>
```

这段代码的显示效果和渲染效果如图8.16所示。如果对应变量的内容发生变化，则该列表也会动态更新。

图 8.16　显示效果和渲染效果

## 8.3.7　表单输入绑定

除了支持将JavaScript表达式的值绑定到视图中的内容上，Vue还支持把表单输入的值绑定到JavaScript变量上。这样JavaScript程序就不必再通过类似input元素的value属性获取表单元素的输入值了。下面的代码给出了\<input\>标签的绑定方法。

```
<script>
export default {
 data() {
    return {
      message: ""
  }
 },
 methods: {
 }
}
</script>

<template>
  <p>输入的信息是: {{ message }}</p>
  <input v-model="message" placeholder="请输入" />
</template>
```

v-model可以实现双向绑定，也就是说，\<input\>标签的value和message变量是同步变化的。因此，当在\<input\>标签中输入文本时，message变量也会改变。

\<input\>标签的输入内容将存入message变量，同时通过文本插值绑定输出到\<p\>标签中。

多个radio类型的\<input\>标签可绑定到同一个变量，变量的值就是选定的\<input\>标签的value属性值。而checkbox类型的\<input\>标签则可绑定到一个列表变量，被选中的value属性值都会出现在列表中。

v-model属性值同样适用于\<textarea\>标签和\<select\>标签。

< 158 >

# 8.4 小结

本章介绍了3种常见的前端框架。使用框架进行开发可以大大提高开发效率，并把精力集中在业务逻辑上。对于框架使用的很多细节，本章都没有做详细介绍，而且这些框架仍然在持续更新中，随时可能出现新的功能，在使用这些框架进行开发时，请参考它们官方发布的在线文档。

素养课堂

# 8.5 课堂实战——HTML5英汉词典

本节将使用Vue开发一个支持英汉和汉英查询的词典。

## 8.5.1 准备词典数据

词典使用的数据来自开源项目。在GitHub上搜索"ECDICT"，在查到的开源项目中即可找到本节词典使用的数据，但该数据经过删减和处理，因为原词典太大。处理后的词典文件为"ecdict.small.json"。

词典文件格式是JSON，它是一个包含14048个单词的列表。其中每个单词是一个长度为3的列表，其内容是单词、音标和中文释义。下面给出了几个单词的示例。

```
[[['a', 'ei', '第一个字母 A；一个；第一的\\r\\nart. [计] 累加器，加法器，地址，振幅，模
拟，区域，面积，汇编，组件，异步'],
 ['aback', "ə'bæk", 'adv. 向后，朝后，突然，船顶风地'],
 ['abandon', "ə'bændən", 'vt. 放弃，抛弃，遗弃，使屈从，沉溺，放纵\\nn. 放任，无拘束，
狂热']]
```

## 8.5.2 创建项目

使用npm init vue命令创建项目，项目名称为h5dict，其他选项全部采用默认配置，然后使用下面的命令进入项目目录并安装依赖。

```
cd h5dict
npm install
```

删除src/components目录、"src/ assets/ base.css" 文件和"src/ assets/ logo.svg" 文件，清空"src/App.vue"和"src/ assets/ main.css"中的内容。在"src/App.vue"中写入下面的内容。

```
<script>
export default {
 data() {
  return {
    key: ""
  }
 },
 methods: {
 }
}
</script>
```

< 159 >

```
<template>
  <h1>英汉词典</h1>
  <input v-model="key" placeholder="请输入要查询的内容" />
  <p>{{ key }}</p>
</template>
```

启动开发服务器后，程序会输出服务器的地址，在浏览器中输入这个地址可以打开测试页面。当前页面效果如图8.17所示，此时仅实现了把输入的单词显示到下方。

图 8.17　把输入的单词显示出来

## 8.5.3　获取词典数据

在"src/App.vue"文件中的"export default {"后添加如下代码。

```
mounted() {
 fetch("ecdict.small.json").then(response => {
   return response.json();
 }).then(response => {
   this.dict = response;
 })
}
```

mounted方法将在组件初始渲染并创建DOM后运行，可以用来执行初始化组件的代码，比如在这里用于下载数据文件。

这里直接把下载完成的数据存到dict变量中，应该在data中也增加dict变量。

```
data() {
  return {
    key: "",
    dict: [],
  }
},
```

## 8.5.4　实现查询逻辑

可以通过v-model指令把输入框的内容和key变量绑定，从而实现通过key变量读取用户输入内容的功能。Vue还提供侦听器的功能，可以在Vue组件内某个变量被修改时执行操作。实现代码如下。

```
<script>
export default {
 mounted() {
   fetch("ecdict.small.json").then(response => {
     return response.json();
   }).then(response => {
     this.dict = response;
```

< 160 >

```
    })
  },
  data() {
   return {
     key: "",
     dict: [],
     word: "",
     phonetic: "",
     chinese: "",
   }
  },
  watch: {
   key(newKey,oldKey) {
    for (let d of this.dict) {
      if (d[0] == newKey) {
        this.word = d[0];
        this.phonetic = d[1];
        this.chinese = d[2];
      }
    }
   }
  }
}
</script>

<template>
  <h1>英汉词典</h1>
  <input v-model="key" placeholder="请输入要查询的内容"/>
  <p>{{ word }}</p>
  <p>[{{ phonetic }}]</p>
  <p>{{ chinese }}</p>
</template>
```

　　以上代码通过在watch中添加"key(newKey,oldKey) {"实现了在key变化时执行特定操作。这里的查询操作是遍历整个词典，如果发现词典里的单词和用户输入的key一致，则把词典的相应单词及数据输出到输入框下方的3个<p>标签中。实现的结果如图8.18所示。

图 8.18　查询英语单词的结果

## 8.5.5　实现查询中文和英文单词模糊匹配

　　首先需要一个变量检查是否匹配到准确的单词。仅当未匹配到准确单词时，才到中文释义中匹配关键词，借此实现中文模糊匹配。

　　对于英文模糊匹配，这里实现的是前缀匹配，例如，输入关键词"a"可以匹配到所有以"a"开

< 161 >

头的关键字。另外，增加忽略大小写的功能，因为词典里的词都是小写的，为简单起见，每次查询直接把key转换成小写。

模糊匹配到的单词需要用列表形式展示出来，所以定义新的变量candidates用于保存要展示的模糊匹配到的单词。

```
candidates: []
```

在\</template\>前增加下面的代码，用于显示candidates列表。

```
<hr>
<div>
    <div v-for="item in candidates" @click="select(item[0])" style="border-style: solid; border-color: black;">
    <p >{{ item[0] }}</p>
    <p >{{ item[1] }}</p>
  </div>
</div>
```

为了实现单击备选单词跳转到备选单词的功能，要给备选单词添加单击事件，调用select方法，设置被单击的单词为当前查询的单词，代码如下。

```
select(k) {
 this.key = k;
}
```

实现模糊查询，把对key的侦听器修改为如下代码。

```
watch: {
   key(newKey,oldKey) {
   newKey = newKey.replace(/^\s*|\s*$/g,"");  // 去除单词前后的空格
   if (!newKey) {
      return;
      }
   newKey = newKey.toLocaleLowerCase()
   this.candidates = [];
   let found = false;
   for (let d of this.dict) {
     if (d[0] == newKey) {
        this.word = d[0];
        this.phonetic = d[1];
        this.chinese = d[2];
        found = true;
     }
     else {
       if (this.candidates.length < 100 && d[0].startsWith(newKey)) {
          this.candidates.push([d[0], d[2]])
       }
     }
   }
   if (!found) {
      for (let d of this.dict) {
          if (this.candidates.length > 300)
              break;
       if (d[2].includes(newKey)) {
          this.candidates.push([d[0], d[2]]);
       }
```

< 162 >

```
                    }
                }
            }
        }
```

使用前缀匹配英文单词时，当输入的字母较少时，可能一次会匹配到很多单词，所以应添加限制，确保只有在候选单词不超过100个时，才对单词做前缀匹配。

至此英汉词典的基本功能已经实现了。

## 课后习题

### 一、选择题

1. Vue.js可以实现的功能有（　　　）。
   A. 绑定表单输入
   B. 当Vue组件内变量变化时执行操作
   C. 当表单内数据变化时执行操作
   D. 以上都可以实现

2. 使用前端框架的好处不包括（　　　）。
   A. 提高开发效率
   B. 开发的程序效率一定能得到提高
   C. 便于维护软件
   D. 减少重复开发的工作量

3. Vue.js可以使用的构建工具有（　　　）。
   A. Vite
   B. webpack
   C. A、B都是
   D. 以上都不是

4. Bootstrap可以实现的功能有（　　　）。
   A. 页面布局
   B. 添加多种组件，如进度条、导航栏
   C. 响应式布局
   D. 以上都是

5. ECharts提供了哪些图表类型？（　　　）
   A. 饼图
   B. 关系图
   C. 折线图
   D. 以上都是

### 二、判断题

1. Bootstrap是前端样式框架，只包含预定义的CSS代码，但不包括HTML5代码和JavaScript代码。
   （　　　）

2. ECharts不仅提供了基本类型图表，还有很多功能以插件的形式提供。　（　　　）

3. ECharts来自百度公司，现在已成为Apache基金会的顶级项目。　（　　　）

4. 使用前端框架有很多好处，但也有约束，会损失部分灵活性。　（　　　）

5. Vite和webpack都可以用于打包前端项目。　（　　　）

### 三、上机实验题

1. 请尝试使用Vue.js改写4.9节的课堂实战。

2. 尝试在HTML5相册中使用Bootstrap实现响应式布局。

3. 为课堂实战中的英汉词典增加CSS3代码。

< 163 >

# 第9章 综合实训——HTML5 扫雷游戏

本章将使用HTML5开发扫雷游戏，扫雷游戏曾是Windows操作系统自带的游戏，操作简单，可玩性高，风靡一时。

本章主要涉及的知识点有：

- 使用SVG绘制游戏界面；
- 使用事件托管；
- 使用类组织代码；

## 9.1 扫雷游戏说明

扫雷游戏是一款经典的计算机游戏。游戏界面中有若干行和若干列的方格，其中每个方格中都可能有地雷，玩家需要根据线索通过单击找出所有地雷，玩家可以根据没有地雷的方格上显示的数字推测地雷的位置。

### 9.1.1 游戏界面呈现

游戏的开始界面包含若干个空白的方格。图9.1中展示了8×8的空白方格。

每个空白方格都可能有地雷或没有地雷。没有地雷的方格可分为直接与有地雷方格相邻的方格（包括斜对角相邻）和不直接与有地雷方格相邻的方格。图9.2展示了过关后的游戏界面，图中的旗子符号是玩家用于标记地雷的。空白的方格（如左上角的方格）是既没有地雷，也不靠近地雷的方格。靠近地雷的方格（包括斜角相邻）中会显示一个数字，它是当前方格周围8个方格中地雷的数量。

方格中的数字可以是1～8的任意一个数字。

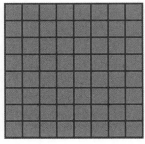

图 9.1  8×8的空白方格          图 9.2  过关后的游戏界面

## 9.1.2　游戏基本操作

扫雷游戏的基本操作是单击未打开的方格，如这个方格中有地雷，则游戏失败；如这个方格中没有地雷，则该方格的信息会显示出来。

关于信息显示，如果这个方格周围有地雷，则仅显示这个方格的数字。如果这个方格周围没有地雷，则从这个方格开始打开周围的方格，遇到空白方格，则继续打开周围的方格，遇到有数字的方格，则打开这个数字方格然后停止。

图9.3展示了因为单击到有地雷的方格而失败的游戏界面。游戏失败后会显示出所有玩家未找到的地雷，并高亮显示玩家误单击的地雷。

右击空白方格可以把它标记为地雷（通常用旗子符号标记），标记错地雷通常不会立刻引发问题。玩家可以随时在标记为地雷的方格上再右击取消标记。

图 9.3　失败的游戏界面

## 9.1.3　游戏高级操作

对于显示数字的方格，右击意味着玩家认为这个方格周围的地雷已经全部被标记了。程序会先检查方格周边标记的地雷数，如果标记的地雷数和方格上的数字相等，则游戏自动帮玩家打开这个方格周围未打开的方格。但如果玩家标错了地雷的位置，则游戏失败。如果玩家标记的地雷数和方格上的数字不一致，则右击不会触发操作。如图9.4所示，已经标记了一个地雷。

此时右击旗子上方的"1"方格，不会触发任何操作。右击左上方格右边相邻的"1"方格，会把这两个"1"下方的方格都打开，如图9.5所示。

图 9.4　标记了一个地雷

图 9.5　通过右击操作打开多个方格

这个操作可以提高玩家的操作效率，增强游戏体验，还能辅助玩家判断一个方格周围的地雷是不是都被标记了。

## 9.1.4　游戏信息显示

为了提示玩家，可以显示剩余未标记的地雷数，但这通常是基于玩家标记的地雷数，而不是玩家标记的正确的地雷数，否则玩家可以根据这个数字猜测地雷的位置。

为了增强游戏体验，还可以显示游戏进行的时间，并将游戏完成时间作为游戏成绩。

## 9.1.5　游戏过关条件

游戏过关条件是玩家标记出所有地雷的位置，且没有任何错误的标记。这仅以当前标记的状态为准，如果玩家在游戏过程中曾标记错误，但又取消错误标记并纠正，则该标记不算错误标记。

# 9.2　绘制游戏界面

扫雷游戏使用的方格和第3章介绍的2048小游戏中的方格类似，可以使用SVG绘制。方格中的数

< 165 >

字、旗子、地雷都可以通过SVG的<text>标签以文本的形式绘制。

## 9.2.1 绘制背景和方格

通过HTML代码创建SVG画布，其中包含4个<g>标签，分别用于放置不同的内容。代码如下。

```
<body style='margin: 0; padding:0; border:0'>
  <svg id='svg'>
    <g id="g1"></g> <!-- 用于放置游戏界面的背景 -->
    <g id="g2"></g> <!-- 用于放置未打开的方格的背景 -->
    <g id="g3"></g> <!-- 用于放置打开的方格的背景、数字或地雷 -->
    <g id="g4"></g> <!-- 用于放置旗子 -->
  </svg>
</body>
```

第一个<g>标签用于放置游戏界面的背景。第二个<g>标签用于放置未打开的方格的背景。第三个<g>标签用于放置打开的方格的背景，以及上面的数字或地雷标志。第四个标签用于放置旗子标志。通过<body>标签的style属性设置margin、padding和border为0。下面的代码用于设定svg元素的大小，使其充满屏幕。

```
let w = window.innerWidth;  // 获取窗口内宽度
let h = window.innerHeight; // 获取窗口内高度
svg.style.width = w + "px";  // 设置 svg 元素的宽度
svg.style.height = h + "px"; // 设置 svg 元素的高度
```

下面的代码用于绘制游戏界面的背景和方格。

```
let row = 15;          // 方格行数
let col = 15;          // 方格列数
let space = 6;         // 方格间距（以px为单位）
let cellWidth = 40;    // 方格宽度（以px为单位）
function createBackground() {
    // 绘制作为游戏界面的背景的大矩形
    g1.innerHTML += "<rect width='" + w + "' height='" + h + "' style='fill:
#808080;stroke-width:1;stroke:rgb(0,0,0);margin: 0; padding:0; border:0'/>";
    g2.innerHTML = ''; // 清空方格背景
    for (let i = 0; i < row; i++) {
        let x = i * cellWidth + space * (i+1);
        for (let j = 0; j < col; j++) {
            let y = j * cellWidth + space * (j+1);
            g2.innerHTML += "<rect x='" + x + "' y='" + y + "' width='" + cellWidth +
"' height='" + cellWidth + "' style='fill:#c0c0c0;stroke-width:1;stroke:rgb(224,
224, 235)'/>";
        }
    }
}
createBackground(); // 调用函数绘制背景
```

方格使用<rect>标签绘制，方格的行数、列数、间距、宽度都在函数外以变量的形式设置。

## 9.2.2 绘制单击后的背景

单击后方格的背景颜色将会变化，以区分单击和未单击的方格。这里的方格也使用<rect>标签绘制，因为只有颜色不同，所以可以使用一个函数拼接生成<rect>标签。代码如下。

< 166 >

```
createCellHTML(x, y, color, id) {
    if (id) {
        id = 'id="' + id + '" '
    }
    else {
        id = '';
    }
        return '<rect ${id}x="${x}" y="${y}" width="${cellWidth}" height="${cellWidth}"
style="fill:${color};stroke-width:1;stroke:rgb(224, 224, 235)"/>';
}
```

createCellHTML函数除了接收方格的位置参数x和y，以及方格背景颜色color外，还接收一个可选参数id。如果id为空，则不会插入id，如果id不为空，则为<rect>标签增加id参数。所以9.2.1小节的背景方格可以使用createCellHTML(x, y, "#c0c0c0")绘制。单击后的方格可使用this.createCellHTML(x, y, "#a0a0a0")绘制。单击后有地雷的方格为红色背景，可使用createCellHTML(x, y, "red")绘制。

## 9.2.3　绘制地雷、旗子和数字

地雷和旗子可以使用符号"💣"和"🚩"表示，它们都是Unicode字符，字符编码分别为"U+1F4A3"和"U+1F6A9"。下面的代码用于生成表示地雷、旗子和数字的<text>标签。

```
createTextHTML(x, y, text, id) {
    let fontSize = cellWidth/5*3;
    if (id) {
        id = 'id="' + id + '" ';
    }
    else {
        id = ''
    }
    let xx = x + (cellWidth*1/7);
    let yy = y + (cellWidth*7/10);
    let fill = '';
    if (colorSet[text]) { // text是1～8的数字
        fill = 'fill="'+colorSet[text]+'" ';
        fontSize = cellWidth/5*4; // 数字使用大一些的字号
        xx = x + (cellWidth*2/7);
        yy = y + (cellWidth*4/5);
    }
        return `<text ${id}${fill}style="font-weight:bolder;font-size:${fontSize}
px" x="${xx}" y="${yy}">${text}</text>`;
}
```

上面的代码使用colorSet变量保存1～8的数字使用的颜色。它是一个定义在函数外的变量，它的定义如下。

```
let colorSet = [null, '#0000ff', '#008000', '#cc0000', '#000080', '#800000',
'#008080', '#9900ff', '#000000'];
```

将数组下标0对应的元素设成null。下标1～下标8对应的元素分别设成1～8这8个数字的颜色。绘制地雷、旗子和数字可以使用下面的代码。.

```
createTextHTML(x, y, '💣')
createTextHTML(x, y, '🚩')
createTextHTML(x, y, 1)
```

< 167 >

如果text是1～8的数字，则自动增加颜色属性，并把字号调大一些，调整位置使数字居中。

# 9.3 记录游戏状态

要通过程序记录游戏状态信息，如地雷位置、提示数字和方格状态等。

## 9.3.1 设定地雷位置

可使用二维数组保存地雷的位置，通常游戏开始时就要设定好所有地雷的位置，等玩家操作时，程序通过检查这个二维数组的内容决定如何反馈。

设定地雷位置时，通常需要使用随机数生成函数，这样每次开始游戏时，地雷的位置有一定的随机性。下面的代码使用Math.random()编写一个随机数生成函数。

```
function getRandom(n) {
    return Math.round(Math.random() * n);
}
```

getRandom函数接收一个整数参数n，返回0～n的随机数（包括0和n）。

下面的代码用于生成一个row行col列的二维数组，数组内的数字都是0。

```
let mp = [];
for (let i = 0; i < row; i ++) {
    mp.push([]);
    state.push([]);
    for (let j = 0; j < col; j++) {
        mp[i].push(0);
        state[i].push(0);
    }
}
```

随机设置一定数量的地雷。地雷设置好后计算出提示数字（计算提示数字的具体内容见9.3.2小节），即无地雷的方格周围有几个地雷（最多有8个地雷），可以用数组mp中的数字代表无地雷的方格周围的地雷数（也就是显示给玩家的提示数字）。某个方格的数字如果为0，就意味着这个方格周围没有地雷。

为了方便，可以利用数字9代表地雷。先随机找一些方格，然后把这些方格中的数字设为9。下面的代码用于实现设置地雷的功能。

```
let mine_count = 20;  // 地雷数量
for (let i = 0; i < mine_count; i++) {
    while (true) {
        let x = getRandom(row-1);
        let y = getRandom(col-1);
        if (mp[x][y] != 9) {
            mp[x][y] = 9;
            break;
        }
    }
}
```

< 168 >

## 9.3.2　计算提示数字

设置完地雷后，通过遍历整个二维数组mp把提示数字计算好。计算方法是遍历整个二维数组mp，遇到地雷（即数字9）后，就把对应方格周围8个方向上的方格的数字都加1（地雷和越界的情况除外）。下面的代码定义了8个方向，即当前数组下标加上这两个值后就到达一个相邻的方格。两个方向值的取值为0和1代表x坐标不变，y坐标加1。1和0代表x坐标加1，y坐标不变。1和1代表x，y坐标分别加1。0和-1代表x坐标不变，y坐标减1，以此类推。

```
let directions = [[0, 1], [1, 0], [1, 1], [0, -1], [-1, 0], [-1, -1], [1, -1],
[-1, 1]];
```

下面的代码用于实现根据地雷位置计算提示数字的功能。

```
for (let i = 0; i < this.row; i ++) {
    for (let j = 0; j < this.col; j++) {
        if (this.mp[i][j] == 9) {
            for (let k = 0; k < directions.length; k++) {
                let x = i + directions[k][0];
                let y = j + directions[k][1];
                if (x > -1 && x < this.row && // x 没有越界
                    y > -1 && y < this.col && // y 没有越界
                    this.mp[x][y] != 9  // 这个位置没有地雷
                ) {
                    this.mp[x][y] += 1;
                }
            }
        }
    }
}
```

## 9.3.3　记录方格状态

方格状态有未单击过、单击过、标记为地雷3种。可创建一个二维数组存放这些状态信息。一个方格的状态只可能为这3个状态中的一个。

可使用二维数组state描述方格状态，9.3.1小节代码中在创建和初始化二维数组mp时已经同时创建了相同大小的state数组，其中0代表方格未打开，-1代表方格被打开了，1代表标记为地雷。

# 9.4　处理玩家操作

完成游戏状态相关代码后，还需要实现接收和处理玩家的操作，才能完成玩家和游戏的交互。程序接到用户操作后，需要实现查询当前游戏状态、根据游戏规则和玩家操作决定操作结果并反馈给玩家。当游戏结束（过关或失败）时给玩家提示等功能。

## 9.4.1　处理单击事件

单击一个方格，如果这个方格有地雷，则游戏失败。如果这个方格没有地雷，则显示这个方格的提示数字。如果这个方格周围无地雷（即提示数字为0），则通常不显示提示数字，而是递归地打开其周围的方格，直到打开有数组的方格为止。

< 169 >

　　需要用函数实现上面的逻辑并把单击事件绑定到这个函数上。为了方便，可使用事件托管的方法，即把单击事件绑定在放置方格的<g>标签上。因为事件具有冒泡机制，所以单击方格后，<g>标签会触发单击事件。但需要给方格添加一些属性，让事件处理函数可以获取方格的位置。下面的函数用于给方格增加id参数，其值由字符串'cell_'和方格的行列下标拼接而成。

```
createCellHTML(x, y, "#c0c0c0", 'cell_' + i + '-' + j);
```

　　事件处理函数clickCell可以在读取event.target的id参数值后，拆分字符串得到相应方格的位置，然后从保存游戏状态的二维数组中查询相应方格状态从而反馈给玩家。下面的代码用于根据id获取方格的位置。

```
function clickCell(event, i, j) {
    if (event) {
        let id = event.target.id;
        id = id.split('_')[1].split('-');
        i = parseInt(id[0]);
        j = parseInt(id[1]);
    }
}
```

　　clickCell函数有3个参数，分别是event、i和j，该函数在作为事件处理函数时，只使用第一个参数，即只用event参数，而i和j参数不传入，clickCell函数可以通过event得出当前被单击的方格的位置。但在单击了空白方格的情况下，需要递归展开，使用参数i和j表示方格位置，event可设为null。

　　下面的代码是得到方格位置时，针对方格状态和地图状态做出的判断，以及给玩家的反馈。

```
if (state[i][j] !== -1) {
    let x = i * cellWidth + space * (i+1);
    let y = j * cellWidth + space * (j+1);
    if (mp[i][j] === 9) {
        g3.innerHTML += createCellHTML(x, y, "red");
        g3.innerHTML += createTextHTML(x, y, '💣');
        state[i][j] = -1;
        for (let ii = 0; ii < row; ii++) {
            x = ii * cellWidth + space * (ii+1);
            for (let jj = 0; jj < col; jj++) {
                if ((ii != i || j != jj) && mp[ii][jj] == 9 && state[ii][jj] == 0) {
                    y = jj * cellWidth + space * (jj+1);
                    g3.innerHTML += createCellHTML(x, y, '#a0a0a0');
                    g3.innerHTML += createTextHTML(x, y, '💣');
                }
            }
        }
        setTimeout(()=>{alert("Game over!")},0);
    }
    else if (mp[i][j] === 0) {
        g3.innerHTML += createCellHTML(x, y, "#a0a0a0");
        for (let k = 0; k < directions.length; k++) {
            let x = i + directions[k][0];
            let y = j + directions[k][1];
            if (x > -1 && x < row && y > -1 && y < col && mp[x][y] != 9) {
                state[i][j] = -1;
                clickCell(null, x, y);
```

< 170 >

```
            }
        }
    }
    else {
        g3.innerHTML += createCellHTML(x, y, "#a0a0a0");
        g3.innerHTML += createTextHTML(x, y, mp[i][j]);
        state[i][j] = -1;
    }
}
```

在g3元素中插入的内容是地雷或者提示数字。当单击到有地雷的方格时，游戏结束，显示出所有地雷，单击到的有地雷的方格背景为红色。

当单击到没有地雷的方格时，显示出数字或者逐一打开其他相关方格，打开的方式是调用clickCell函数本身。至此已经实现地图的创建、游戏状态记录和单击事件的处理功能。图9.6展示了当前游戏的界面效果。

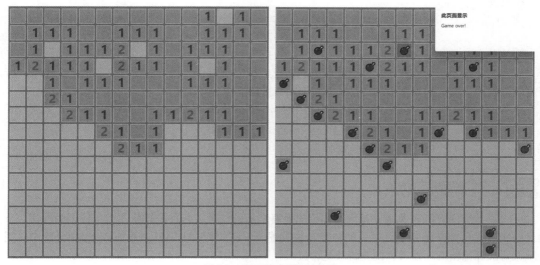

图 9.6　当前游戏界面的效果

## 9.4.2　处理右击事件

下面的代码为用于处理右击事件的函数，与单击事件的处理函数类似，先通过event的target元素获取id，根据id解析出右击的方格位置。然后通过state数组检查方格状态，只有状态为未单击过的方格才能执行右击事件的操作。

```
function onContextmenu(event) {
    let id = event.target.id;
    id = id.split('_')[1].split('-');
    let i = parseInt(id[0]);
    let j = parseInt(id[1]);
    event.preventDefault(); // 阻止默认事件的触发，即不弹出快捷菜单
    if (state[i][j] !== -1) { // 只能在未打开的方格上进行操作
        if (state[i][j] == 0) { // 如果方格上没有标记，则添加标记
            let x = i * cellWidth + space * (i+1);
            let y = j * cellWidth + space * (j+1);
            state[i][j] = 1; //当前方格状态为标记为地雷
```

< 171 >

```
                              g4.innerHTML += createTextHTML(x, y, '▷', 'flag_'+i+'-'+j);
              }
              else { // 如果方格上已有标记则取消标记
                  state[i][j] = 0; // 标记当前方格状态为未单击过
                  g4.innerHTML = ''; // 清空所有标记
                  for (let i = 0; i < row; i++) { // 重新绘制现存标记
                      let x = i * cellWidth + space * (i+1);
                      for (let j = 0; j < col; j++) {
                          if (state[i][j] == 1) {
                              let y = j * cellWidth + space * (j+1);
                              g4.innerHTML += createTextHTML(x, y, '▷', 'flag_'+i+'-
'+j);
                          }
                      }
                  }
              }
          }
      }
}
```

当方格是未打开状态（即state值不等于-1）时，检查该方格是否已经标记了旗子，如果没有旗子，则修改标记，记为有旗子，并绘制旗子。若已经标记了旗子，则当前操作要取消这个旗子，应该清空所有旗子（清空g4元素中的内容）并按照state重新绘制所有旗子。

下面的代码把g2和g4元素的右击事件绑定到onContextmenu函数。

```
g2.addEventListener('contextmenu', onContextmenu);
g4.addEventListener('contextmenu', onContextmenu);
```

## 9.4.3 判断是否过关

9.1.5小节介绍过，过关条件是玩家标记出所有地雷的位置，并且没有任何错误标记的地雷。下面的代码用于实现判断游戏是否过关的功能。这段逻辑应该放到右击事件中添加标记的if分支中，用于在玩家每次标记新的地雷后，检查游戏是否过关。

```
let currentMineCount = 0; // 当前标记的地雷数
let falseMine = 0;        // 错误标记的地雷数
for (let i = 0; i < row; i++) {
    for (let j = 0; j < col; j++) {
        if (state[i][j] === 1) {
            if (mp[i][j] === 9) {
                currentMineCount++;
            }
            else {
                falseMine++;
            }
        }
    }
}
if (falseMine === 0 && currentMineCount === mineCount) {
    alert("恭喜过关！");
}
```

以上代码定义了两个变量，分别表示当前标记的地雷数和错误标记的地雷数。遍历一次地图，结合mp和state数组中的数据即可得到这两个变量的值，当前标记的地雷数等于地图中的地雷数且错误标

< 172 >

记的地雷数为0时，显示"恭喜过关!"。

图9.7展示了游戏过关时的提示，此时玩家右击了图中提示数字"4"下方的最后一个空方格，页面弹出弹窗。玩家单击确定后，旗子符号被显示在右击的位置。

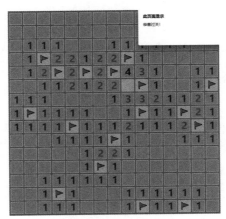

图 9.7　游戏过关时的提示

如果希望实现先出现地雷后出现提示的效果，则可以把弹出弹窗的操作放到单独的函数中，并通过setTimeout函数延迟调用，并把延迟时间设置为0毫秒。下面的函数用于实现这一功能。

```
function delayAlert(msg, timeout=0) {
    setTimeout(()=>{
        alert(msg);
    }, timeout);
}
```

### 9.4.4　过关后禁止操作

定义变量active表示当前游戏情况。当游戏结束时把这个变量设为false，在处理单击和右击事件时，如果这个值是false，则不执行相应操作，并提示玩家游戏已经结束。

此外利用makeMap函数实现以下功能。如果active为true，则不能更新地图，因为游戏正在进行中；如果active为false，则更新地图，并把active设为true，表明新的游戏开始。

## 9.5　使用类组织代码

至此，游戏的主要功能均已实现，目前代码中有8个函数和5个用于配置的变量、一个用于描述地图上8个方向的数组directions，一个用于保存提示数字颜色的数组colorSet，调用createBackground、makeMap两个函数，并绑定3个事件。使用class关键字创建一个类，把这些函数和变量放置在该类中，使代码更容易管理。

### 9.5.1　类的构造函数

类的构造函数用于在创建类的对象时提供参数并根据参数初始化变量。下面的代码用于定义名为"MineSwapper"的类和它的构造函数，构造函数接收6个参数。这6个参数分别是游戏地图中方格的行数、列数，地雷数，方格宽度，方格间距，提示数字颜色，这些参数可以在创建这个类的对象时提

< 173 >

供，并存储在对象内部，而不会直接出现在全局范围内。

```
class MineSwapper {
    constructor(row, col, mineCount, cellWidth, space, colorSet) {
        this.directions = [[0, 1], [1, 0], [1, 1], [0, -1], [-1, 0], [-1, -1],
[1, -1], [-1, 1]];
        this.colorSet = colorSet;
        if (!this.colorSet) {
            this.colorSet = [null, '#0000ff', '#008000', '#cc0000', '#000080',
'#800000', '#008080', '#9900ff', '#000000'];
        }
        this.space = space;
        this.cellWidth = cellWidth;
        this.row = row;
        this.col = col;
        this.mineCount = mineCount;
        this.mp = [];
        this.state = [];
                        g1.innerHTML += "<rect width='" + w + "' height='" + h +
"' style='fill:
#808080;stroke-width:1;stroke:rgb(0,0,0);margin: 0; padding:0; border:0'/>";
        svg.style.height = h + "px";
        svg.style.width = w + "px";
        this.createBackground()
        this.active = false;
    }
}
```

在类内部的方法中，使用this指针访问类的成员变量。创建MineSwapper类的对象的方法如下所示。

```
let game = new MineSwapper(15/*行数*/, 15/*列数*/, 20/*地雷数量*/, 40/*方格宽度*/,
6/*方格间距*/);
```

代码中的注释表示了每个参数的含义，另外，提示数字颜色是可选参数，如果代码中不给出，则将自动使用默认配置。

## 9.5.2 事件处理函数

9.5.1小节把用于配置的变量都放到类里，还可以把除了随机数生成函数外的所有函数都移到类中，因为随机数生成函数并不和游戏逻辑直接相关。

可以在类的构造函数中直接绑定事件处理函数，但在类的方法作为事件处理函数调用后，其this指针指向当前绑定的元素对象，而不再指向当前类的对象，所以无法通过它访问到类的成员变量。因此需要对相关代码进行修改，如下所示。

```
g2.addEventListener('click', (event) => {this.clickCell(event)});
g2.addEventListener('contextmenu', (event) => {this.onContextmenu(event)});
g4.addEventListener('contextmenu', (event) => {this.onContextmenu(event)});
```

这里定义了一个匿名函数，在匿名函数中调用类的成员函数，即可使事件处理函数中clickCell和onContextmenu中的this还指向当前类的对象。

## 9.5.3 确保第一次不会单击地雷

之前的游戏逻辑是在页面加载时就设置好地雷的位置。但玩家第一次操作时，在空白的地图中随

< 174 >

便单击，有一定概率第一次就单击到地雷。例如，15行15列的225个方格中包含20个地雷，第一次直接单击到地雷的概率是20除以225，即大约是8.89%。

一个可行的优化操作是在玩家第一次单击后才开始放置地雷，这样就可以确保第一次一定不会单击到地雷。

要实现这一功能，新增一个状态变量inited，表明当前游戏是否已经初始化。如果游戏还没有初始化，则第一次单击时调用makeMap函数生成地图，makeMap接收两个参数，即玩家单击位置的x（横坐标）和y（纵坐标），放置地雷时避开这个位置。

# 9.6　小结

本章开发了HTML5扫雷小游戏，使用SVG创建游戏界面，通过事件托管处理方格上的单击和右击事件，并使用类重新组织代码，使代码结构更严谨。

## 课后习题

一、选择题

1. 下面可以用于简化多个HTML元素事件处理方法的是？（　　　）
   A. 事件托管　　　　　B. 事件队列　　　　　C. 事件回调　　　　　D. 事件异步处理函数
2. HTML5游戏通常不需要关心（　　　）。
   A. 游戏状态的维护　　　　　　　　　B. 程序效率问题
   C. 与用户交互　　　　　　　　　　　D. 用户的操作系统类型
3. 使用SVG绘制游戏界面的好处是（　　　）。
   A. SVG绘图效率比canvas更高　　　　B. 使用HTML元素代表图形更直观
   C. A、B都是　　　　　　　　　　　　D. 以上都不是
4. 使用类组织代码的好处有（　　　）。
   A. 提高代码运行效率
   B. 把游戏相关代码都组织到一个类中更清晰易读
   C. 减少代码量，易于维护
   D. 以上都是

二、判断题

1. HTML5适合开发小游戏，它具有跨平台、API丰富等多种优势，被广泛应用于游戏开发。
   （　　　）
2. HTML5不适合开发需要在线互联的游戏，因为HTML5应用的性能不如许多原生应用。（　　　）
3. 在HTML5中常使用SVG和canvas绘制界面。　　　　　　　　　　　　　　　　（　　　）

三、上机实验题

1. 请实现临时显示地图上所有地雷的功能，允许在游戏进行时暂时把所有地雷的位置都标记出来，并且可以取消显示这些标记。
2. 请实现单击并自动打开所有没有地雷的方格的功能。
3. 请实现模拟玩家操作完成扫雷游戏的程序，即根据已经开的方格所展示出的信息执行操作。

< 175 >

# 第 **10** 章 综合实训——开发通过二维码传输文件的应用

第7章实现了把用户输入的文字转换成二维码的简单应用，使用的二维码类型为QR Code（Quick Response Code），它是最常见的二维码类型之一。很多应用都可以通过扫描二维码获取信息。

借助二维码，不仅可以传输文字信息，还可以传输包括图片、音频在内的很多种文件。但对于大文件的传输，需要采用特殊处理方法，本章将实现把大文件转换成多个二维码并传输。

本章主要涉及的知识点有：

- 使用QR Code编码数据；
- 开发可以扫描QR Code的应用；
- 开发可以读取文件的HTML5应用；
- 使用HTML5应用处理文件；
- 使用HTML5通过二进制数据生成和下载文件。

## **10.1** 使用QR Code编码数据

本节先简要介绍QR Code，然后介绍二进制数据，以及JavaScript如何处理二进制数据并通过Base 64编码把任意二进制数据转换成二维码。

### 10.1.1 QR Code简介

以QR Code为代表的二维码按照一定的规则把数据编码成二维的图像，设备通过摄像头扫描QR Code后，根据图像中方块的位置解析出其中所编码的信息。通常编码的信息越多，二维码越大，或者图形越复杂。图10.1展示了两个二维码，使用设备扫描可以得到这两个二维码中的信息。

图 10.1 两个包含不同文字信息的 QR Code

QR Code本身带有冗余和校验能力，这意味着QR Code某些部分被遮挡或
损坏不可见时，也可能扫描获取相应的信息。QR Code的3个角上有图10.2所示
的3个方框图形，这3个图形用于扫描程序定位QR Code的位置和矫正扫描时角
度的倾斜，通常如果这3个图形被遮挡或损坏，二维码就无法扫描了。

图 10.2　QR Code 中用于
定位和校正的图形

## 10.1.2　二进制数据

计算机中的数据以二进制形式储存，它可以理解为一串数字。HTML、JavaScript、CSS等代码文
件或者.txt这样的文本文件，实际上也是通过二进制形式存储的，但它们采用某些文本编码，所以可
以被文本编辑器打开。

文本编辑器打开文本文件时，会把二进制数据通过解码转换成文字。JavaScript中的String.fromCharCode
方法可以把编码转换为字符。调用charCodeAt方法可以把字符串中的字符转换为编码。下面的代码用
于输出字符串中每个字符的编码。

```
let str = '你好，HTML5! ';
for (let i = 0; i < str.length; i++) {
    console.log(`字符 "${str[i]} " 的编码是: ${str.charCodeAt(i)}`)
}
```

这段代码的输出结果如下。

```
字符 "你" 的编码是: 20320
字符 "好" 的编码是: 22909
字符 "，" 的编码是: 65292
字符 "H" 的编码是: 72
字符 "T" 的编码是: 84
字符 "M" 的编码是: 77
字符 "L" 的编码是: 76
字符 "5" 的编码是: 53
字符 "! " 的编码是: 65281
```

下面的代码用于输出从编码20320开始的10个连续编码对应的字符。

```
for (let i = 0; i < 10; i++) {
    let code = 20320 + i;
    console.log(`编码 ${code} 对应的字符是: "${String.fromCharCode(code)}"`);
}
```

输出结果如下。

```
编码 20320 对应的字符是: "你"
编码 20321 对应的字符是: "価"
编码 20322 对应的字符是: "侢"
编码 20323 对应的字符是: "佣"
编码 20324 对应的字符是: "侤"
编码 20325 对应的字符是: "侥"
编码 20326 对应的字符是: "侦"
编码 20327 对应的字符是: "侧"
编码 20328 对应的字符是: "侨"
编码 20329 对应的字符是: "侩"
```

可以认为文本文件是一类使用特殊编码的文件。如果希望设计一个能处理或者传输任意格式文件
的程序，就需要实现直接处理二进制数据的功能。

## 10.1.3　使用JavaScript处理二进制数据

3.2.6小节介绍过JavaScript中用于Base64编码和解码的btoa和atob方法。在JavaScript中可以通过

< 177 >

Base64编码直接读取任意文件，从而避免直接处理二进制数据。

通过Base64编码读取文件得到的数据就是字符串，使用qrcode库可以把任意文件对应的Base64字符串转换为二维码。

但Base64编码会导致数据增加，降低数据处理和传输的效率，JavaScript也提供了ArrayBuffer等方法直接处理二进制数据。

## 10.2 在HTML5应用中打开和读取文件

在HTML5中可以使用type属性值为file的<input>标签打开系统中的文件，在JavaScript中可以使用FileReader读取文件内容。从本节开始将在第7章课堂实战的基础上增加打开文件和通过二维码传输文件的功能。

### 10.2.1 使用<input>标签打开文件

<input>标签在表单中用于处理用户输入内容，当它的type属性被设置为file时，它将接收一个文件作为参数。下面的代码定义一个可以选择和打开多个文件的<input>标签。

```
<label for="fileInput">选择文件: </label><br>
<input type="file" id="fileInput" multiple><br>
```

代码运行效果如图10.3所示。

给这个input元素绑定change事件，可实现用户选择文件后调用事件处理函数，并在该函数中使用JavaScript代码读取文件内容。下面的代码为该input元素绑定事件处理函数。

选择文件:
选择文件  未选择文件

图 10.3　代码运行效果

```
let fileInput = document.querySelector('#fileInput');
fileInput.addEventListener('change', (event) => {});
```

### 10.2.2 以Base64格式读取文件

在事件处理函数中，通过event.target获取input元素，该元素的files属性值是打开的文件列表；然后通过FileReader对象读取文件内容并保存到一个数组中。实现代码如下。

```
fileInput.addEventListener('change', (event) => {
  for (let fileObj of event.target.files) {
    let reader = new FileReader();
    reader.addEventListener("loadend", (event) => {
      let file = {
        base64Data: reader.result,
        name: fileObj.name,
        size: fileObj.size,
        lastModified: fileObj.lastModified,
        type: fileObj.type,
      };
      let index = fileList.length;
      fileList.push(file);
      fileListOpened.innerHTML += `<li id="file_${index}">${file.name} - ${getHumanSize
(file.size)} - ${getHumanSize(file.base64Data.length)}</li>`;
    });
```

< 178 >

```
    reader.readAsDataURL(fileObj);
    }
});
```

HTML的代码如下所示。

```
<div id="selectFile">
 <p>已打开的文件</p>
 <ul id="fileListOpened">
  <li>文件名 - 文件大小 - Base64编码后的大小</li>
 </ul>
 <label for="fileInput">选择文件：</label><br>
 <input name="fileInput" type="file" id="fileInput" multiple><br>
</div>
```

这段代码除了用于选择文件的<input>标签外，还定义了一个用于显示已经打开的文件列表的<ul>标签。打开一些文件后代码的运行效果如图10.4所示。

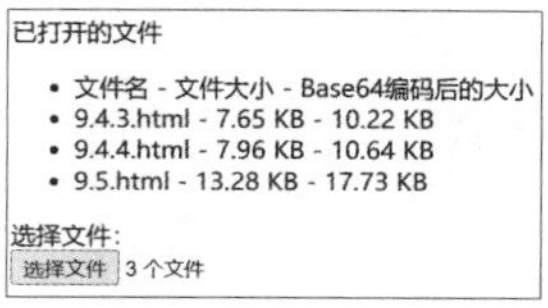

图 10.4　代码的运行效果

# 10.3 切块传输

较大的文件几乎无法通过单个二维码传输，以10.2.2小节的"9.4.3.html"为例，Base64编码后它的大小为10.22KB，包含1万多个字符。如果要将它通过单个二维码传输，二维码尺寸将非常大，难以展示，更难以扫描。

要想实现通过二维码传输大文件，需要对文件数据进行切分，每个二维码只传输一部分数据，接收者分别扫描每个二维码，之后按照原来的顺序组合即可得到所有的文件数据。

## 10.3.1　数据切分

对于已有字符串形式的数据，只需设定每次传输数量的最大值，即可很容易将其切成多块。但需要让接收者知道如何把这些数据组合起来。可以定义一种"数据包"（以下简称包）结构，其中除了包含传输的文件分片外，还包含文件名称、文件大小、文件数据块数和当前包内包含的文件数据块的序号。

数据接收者拿到所有包之后，即可根据文件数据块的序号，把文件数据块组合起来，从而得到原始数据。

## 10.3.2　选择要传输的文件

给用于显示已打开文件列表的ul元素添加单击事件处理函数。

```
let currentSelectedFileId = -1;
fileListOpened.addEventListener('click', (event) => {
    if (event.target.id) { // 得到li元素的id属性
        let toSelect = parseInt(event.target.id.split('_')[1]);
        if (toSelect != currentSelectedFileId) {
```

< 179 >

```
        currentSelectedFileId = toSelect;
        fileTransState.innerHTML = `<p>当前选中的文件是：${fileList[toSelect].
name}</p>`
    }
  }
})
```

单击该ul元素中的li元素时，单击事件冒泡到ul元素，该事件的处理函数会被调用，通过li元素的id属性从fileList中获取到相应文件的信息。

因为该HTML文件（是指7.6节的HTML文件）中还保留了第7章中把输入的文字转换为二维码的功能，所以额外添加几个单选按钮，允许用户选择使用文字转二维码或文件转二维码功能。修改后的HTML部分代码如下。

```
<label><input type="radio" name="textOrFile" value="File" id="fileMode"
checked>传输文件</label>
<label><input type="radio" name="textOrFile" value="Text" id="textMode">文字转二
维码</label>
<div id="inputText">
 <label>输入要传输的文本：</label><br>
 <textarea id="inputString" cols="50" rows="10"></textarea><br>
</div>
<div id="selectFile">
 <p>已打开的文件（单击选择文件）：</p>
 <ul id="fileListOpened">
  <li>文件名 - 文件大小 - Base64编码后的大小</li>
 </ul>
 <label for="fileInput">选择文件：</label><br>
 <input name="fileInput" type="file" id="fileInput" multiple><br>
  <label for="fileChunkSize">文件分片大小：</label><input name="chunkSize"
id="chunkSize" type="number" value="400">
 <div id="fileTransState"></div>
</div>
<br>
<button id="buttonGenerate">生成二维码</button>
<div id="outputArea"></div>
```

添加控制输入文字和选择文件的两个div元素的显示和隐藏的代码。

```
let fileMode = document.querySelector('#fileMode');
let textMode = document.querySelector('#textMode');
let inputText = document.querySelector('#inputText');
let selectFile = document.querySelector('#selectFile');
fileMode.addEventListener('change', modeChange);
textMode.addEventListener('change', modeChange);
function modeChange() {
   if (fileMode.checked) {
       inputText.style.display = 'none';
       selectFile.style.display = '';
   }
   else {
       inputText.style.display = '';
       selectFile.style.display = 'none';
   }
}
```

< 180 >

### 10.3.3　生成包二维码

先读取当前设定的文件分片大小，根据文件Base64编码数据长度计算包的数量，然后计算出每个包的数据大小和序号，构造好包再调用QRCode生成二维码。为保证同一时间屏幕中只显示一个二维码，新生成的二维码都被设置为不可见。实现代码如下。

```
function createDataPackages(fileId) {
    if (!fileList[fileId]) { // 检查下标为 fileId 的数据是否存在
        return;
    }
    let file = fileList[fileId]
    let chunkSizeInt = chunkSize.value;
    if (file.chunkSize != chunkSizeInt) {
        file.chunkSize = chunkSizeInt;
        file.packageCount = Math.floor(1+(file.base64Data.length-1)/chunkSizeInt);
    }
    let finishCount = 0;
    outputArea.innerHTML = '';
    for (let i = 0; i * chunkSizeInt < file.base64Data.length; i++) {
        let startIndex = chunkSizeInt * i;
        let length = chunkSizeInt;
        let canvasId = "canvas_" + i;
        let newCanvas = "<canvas id='"+canvasId+"'></canvas>";

        let packageData = file.base64Data.substr(startIndex, length);
        let packageObj = {
            i: i,
            f: file.name,
            c: file.packageCount,
            d: packageData,
            C: chunkSize,
        }
        outputArea.innerHTML += newCanvas;
        setTimeout(()=> {
            canvasObj = document.getElementById(canvasId);
            QRCode.toCanvas(canvasObj, JSON.stringify(packageObj), function (error) {
                if (error)
                    console.error(error);
                else {
                    finishCount++;
                    fileTransState.innerHTML = `<p>当前选中的文件是：${file.name}。生成的
二维码数/总数：${finishCount} / ${file.packageCount}</p>`;
                    canvasObj.style.display = 'none';
                }
            });
        }, 0);
    }
}
```

### 10.3.4　显示和播放二维码

新生成的二维码都设置为不可见，播放二维码时只需要每次选择一个设为可见，并隐藏上一个即可。

< 181 >

创建4个用于播放控制的按钮，HTML代码如下所示。

```html
<button id="btnStart">开始播放二维码</button>
<button id="btnStop">停止播放</button>
<button id="btnNext">下一个</button>
<button id="btnPrevious">上一个</button>
```

分别创建它们的事件处理函数。其中，start和stop中用到的intervalHandle是在函数外定义的变量。

```javascript
function next() {
    let intervalHandle=null;
    let file = fileList[currentSelectedFileId];
    if (currentPackageId >= 0) {
        document.getElementById('canvas_' + currentPackageId).style.display = 'none';
    }
    currentPackageId = (currentPackageId + 1) % file.packageCount;
    document.getElementById('canvas_' + currentPackageId).style.display = '';
    updatePlayStatus()
}
function back() {
    let file = fileList[currentSelectedFileId];
    if (currentPackageId >= 0) {
        document.getElementById('canvas_' + currentPackageId).style.display = 'none';
    }
    currentPackageId = (currentPackageId - 1) % file.packageCount;
    document.getElementById('canvas_' + currentPackageId).style.display = '';
    updatePlayStatus()
}
function start() {
    intervalHandle = setInterval(next, parseInt(intervalMs.value));
}
function stop() {
    clearInterval(intervalHandle);
}
```

单击"开始播放二维码"按钮时，将按照设定的时间间隔每次显示一个二维码，并显示播放的进度。单击"停止播放"按钮时会暂停播放。单击"上一个"和"下一个"按钮可手动控制播放。

至此文件转二维码功能已经实现。它的使用方法是先单击"选择文件"按钮，从弹出的对话框中选择一个文件，然后从屏幕上出现的文件列表中选择要传输的文件，生成二维码，最后单击"开始播放二维码"按钮即可滚动播放二维码。程序界面如图10.5所示。

当文件接收者扫描和解析每一个二维码后，按照包序号拼接好数据，即可得到传输的完整文件数据。

图10.5　程序界面

# 10.4　扫描二维码

本节将介绍二维码扫描功能的开发，会使用到HTML5-QRCode库。使用HTML5应用扫描二维码

< 182 >

时需要先申请获取相机权限，在计算机上运行和调试这个应用时，如果没有摄像头或者不方便扫描二维码，则HTML5QRCode库还支持手动选择计算机上的一张图片进行二维码识别。

## 10.4.1　使用HTML5-QRCode库

使用下面的命令安装HTML5-QRCode库。

```
npm i html5-qrcode
```

创建新的\<div>标签用于容纳扫描相关的组件。

```
<div id="scanQRCode">
  <div id="qr-reader"></div>
  <div id="qr-reader-results"></div>
  <div id="getFileState"></div>
</div>
```

使用下面的代码加载和使用HTML5-QRCode库的二维码扫描器。

```
function startQRCodeReader() {
    var lastResult, countResults = 0;
    function onScanSuccess(decodedText, decodedResult) {
        if (decodedText !== lastResult) {
            ++countResults;
            lastResult = decodedText;
            let data = JSON.parse(decodedText);
            loadPackage(data);
        }
    }
    var html5QrcodeScanner = new Html5QrcodeScanner.Html5QrcodeScanner(
        "qr-reader", { fps: 10, qrbox: Math.min(window.innerWidth, window.innerHeight) *
0.8 });
    html5QrcodeScanner.render(onScanSuccess);
}
```

扫描二维码后将调用onScanSuccess处理扫描的结果，onScanSuccess用于判断新的扫描结果和上一个扫描结果是否一致来排除（相邻的）重复扫描结果。

## 10.4.2　拼接扫描结果

onScanSuccess函数在检查到新的扫描结果与上一个扫描结果不重复时，把扫描的结果用JSON.parse解析后传给loadPackage。loadPackage用于拼接扫描结果（包）。其实现代码如下。

```
function loadPackage(data) {
    let xid = data['f'] + ' ' + data['C'] + ' ' + data['s']; // 文件名 + 分片大小 +
                                                               // 文件总大小

    if (!fileScannerStore[xid]) {
        fileScannerStore[xid] = {
            f: data['f'],   // 文件名
            c: data['c'],   //包总数
            C: data['C'],   // 分片大小
            s: data['s'],   // 文件总大小
            r: 0,           // 已经接收到的包数量
            d: {}           // 各包的数据
        }
```

< 183 >

```
        addLog(`<p>接收到新文件：${data['f']}，传输大小：${getHumanSize(data['s'])}，分
片数量：${data['c']}</p>`);

    }
    if (!fileScannerStore[xid]['d'][data['i']]) {
        fileScannerStore[xid]['r'] ++;
        fileScannerStore[xid]['d'][data['i']] = data['d'];
        addLog(`<p>收到文件：${data['f']} 的包 ${data['i']}，${fileScannerStore[xid]
['r']} / ${fileScannerStore[xid]['c']} 完成</p>`);
        if (fileScannerStore[xid]['r'] === fileScannerStore[xid]['c']) {
            addLog('<p>文件：' + xid + '传输完毕</p>');
            updateGetFileState();
        }
    }
}}
```

fileScannerStore是定义在函数外的变量，用于保存传输中的所有文件的状态。每扫描一个包可以解析出如下内容：文件名、包总数、分片大小、文件总大小和当前包中的数据。

如果之前没有接收到某个文件的其他包，则在fileScannerStore中创建一个新的状态记录，否则会在之前的记录中查找是否已经接收过当前序号的包，如果没有接收过，则保存这个包的数据。

每接收到一个新的包都会调用updateGetFileState函数更新当前接收的各文件的状态，也会输出一条日志。

### 10.4.3 下载拼接后的文件

updateGetFileState函数用来更新当前接收的各文件的状态。当一个文件接收完毕（即接收到的包数等于总包数）时，会显示这个文件的下载按钮。实现代码如下。

```
function updateGetFileState() {
    let getFileState = document.querySelector('#getFileState');
    getFileState.innerHTML = ''
    for (let x in fileScannerStore) {
        let f = fileScannerStore[x];
        let curHTML = '<div>${f.f} - ${f.r} / ${f.c}';
        if (f.r === f.c) {
            curHTML += '<br><button id='${x}'>下载文件</button>'
        }
        curHTML += '</div>'
        getFileState.innerHTML += curHTML;
    }
}
```

实现按钮通过其父元素绑定的事件处理函数下载文件。事件处理函数通过id找到对应文件的多个数据包，按序号拼接后，得到完整数据，最后把数据直接放到URL中并生成一个<a>标签，单击这个<a>标签即可下载文件。实现代码如下。

```
function downloadFile(event) {
    let f = fileScannerStore[event.target.id];
    let name = f.f;
    let data = "";
    for (let i = 0; i < f.c; i++) {
        data += f.d[i];
    }
    let blob = dataURLtoBlob(data);
```

< 184 >

```
    let url = URL.createObjectURL(blob);
    let save_link = document.createElement("a");
    save_link.href = url;
    save_link.download = name;
    save_link.click();
}

var dataURLtoBlob = function(dataurl) {
    var arr = dataurl.split(','),
        mime = arr[0].match(/:(.*?);/)[1],
        bstr = atob(arr[1]),
        n = bstr.length,
        u8arr = new Uint8Array(n);
    while (n--) {
        u8arr[n] = bstr.charCodeAt(n);
    }
    return new Blob([u8arr], { type: mime });
}
```

图10.6展示了拼接扫描结果过程中输出的日志和拼接后显示出的"下载文件"按钮。单击"下载文件"按钮后，浏览器开始下载扫描得到的文件。这时文件数据已经保存在JavaScript的变量中，所以这个下载过程实际是把浏览器中的数据保存到本地文件，完全不会使用网络。

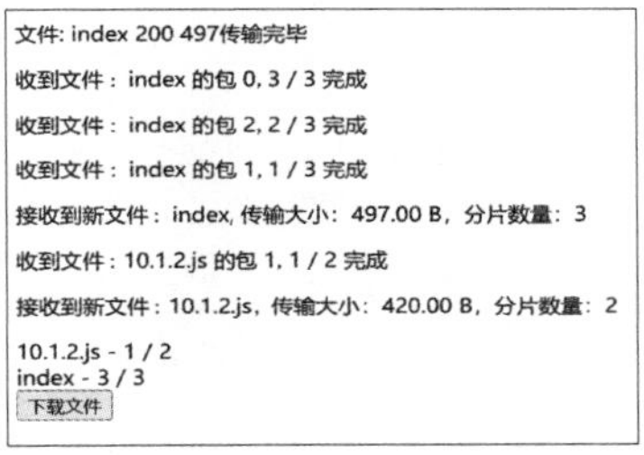

> 文件: index 200 497传输完毕
>
> 收到文件：index 的包 0，3 / 3 完成
>
> 收到文件：index 的包 2，2 / 3 完成
>
> 收到文件：index 的包 1，1 / 3 完成
>
> 接收到新文件：index，传输大小：497.00 B，分片数量：3
>
> 收到文件：10.1.2.js 的包 1，1 / 2 完成
>
> 接收到新文件：10.1.2.js，传输大小：420.00 B，分片数量：2
>
> 10.1.2.js - 1 / 2
> index - 3 / 3
> 下载文件

图 10.6  拼接扫描结果过程中输出的日志和拼接后显示出的"下载文件"按钮

# 10.5 小结

本章实现了一种新的文件传输方式——通过二维码传输文件，实际使用这种方法时，文件传输速度慢，难以传输大文件，但这种方法的优点是传输文件内容完全不使用网络。

本章的项目名称是Moving Picture Code，意为动态图片码，它是编者的一个开源项目。编者在2018年4月想到这个方法，并在2021年付诸实现，读者可在GitHub官方网站搜索查看该项目。另外，还有一个实现了类似功能且功能更加完善的开源项目，读者可在GitHub官方网站搜索sz3/cfc。

## 课后习题

一、选择题

1. HTML5应用可以做到的是？（　　　）

    A. 打开本地文件　　　　　　　　　　B. 读取本地文件内容

    C. 下载文件到本地　　　　　　　　　　D. 以上都可以

< 185 >

2. HTML5应用可以访问的系统资源有（　　　）。

    A. 摄像头　　　　　　　　　　　　　B. 包括其他应用窗口的计算机屏幕内容

    C. 麦克风　　　　　　　　　　　　　D. 以上都是

3. 以下可以用来处理二进制数据的是（　　　）。

    A. Base64编码算法　　　　　　　　　B. String.fromCharCode方法

    C. A、B都是　　　　　　　　　　　　D. 以上都不是

## 二、判断题

1. HTML5应用处理二进制数据不够方便，所以常常通过Base64等编码处理二进制数据。　　　（　　）

2. HTML5应用不擅长做计算密集型任务。　　　（　　）

3. HTML5应用适合开发与用户交互的应用程序　　　（　　）

## 三、上机实验题

1. 请实现在扫描端完成所有数据包时在线预览文件的功能，可仅支持部分格式的文件，例如，预览文本文件可以直接把文件的内容显示在页面上。图片文件、音视频文件则可以使用HTML5多媒体标签展示。

2. 请实现把接收到的文件数据和接收状态保存在浏览器的缓存中，使页面可以保留扫描数据。

3. 请增加二维码扫描端，它具有实时显示剩余未扫描到的数据包编号的功能。

4. 请增加二维码生成端，它具有根据用户输入显示指定编号二维码的功能。

< 186 >